如何保护农业文化遗产

发展是最好的保护

◎闵庆文 著

—农业农村部资助—

—农业文化遗产知识读本与保护指导—

中国农业科学技术出版社

图书在版编目（CIP）数据

如何保护农业文化遗产：发展是最好的保护 / 闵庆文著 .—
北京：中国农业科学技术出版社，2019.6
（农业文化遗产知识读本与保护指导）
ISBN 978-7-5116-4188-5

Ⅰ．①如… Ⅱ．①闵… Ⅲ．①农业 – 文化遗产 – 保护 – 研究 –
中国 Ⅳ．① S

中国版本图书馆 CIP 数据核字（2019）第 088658 号

责任编辑 穆玉红
责任校对 马广洋

出 版 者 中国农业科学技术出版社
北京市中关村南大街 12 号 邮编：100081
电 话（010）82106626（编辑室）（010）82109702（发行部）
（010）82109709（读者服务部）
传 真（010）82106626
网 址 http://www.castp.cn
发 行 各地新华书店
印 刷 者 北京富泰印刷有限责任公司
开 本 710mm × 1000mm 1 /16
印 张 9.25
字 数 220 千字
版 次 2019 年 6 月第 1 版 2020 年12月第 4 次印刷
定 价 35.00 元

拥抱农业文化遗产保护的春天
（代序）

尽管全球重要农业文化遗产（GIAHS）的研究与保护工作开展的时间不长，但因其理念新颖，并在中国等国家的强力支持下，已经取得了巨大成绩并展现出勃勃生机，为未来的健康发展奠定了基础。经过10多年的努力，参与的国家已经从最初的6个增加到21个，GIAHS项目也从最初的6个增加到57个。最为重要的是，在2015年6月召开的联合国粮农组织第39次大会上，GIAHS被列为联合国粮农组织业务工作之一。GIAHS的重要性与保护紧迫性，已经取得了较为广泛的国际共识；首批试点国家在管理机制、保护与发展实践等方面取得的成绩，已经辐射到更大的范围；日本、韩国等国家表现出强劲的发展势头，发展中国家积极参与，一些欧美国家也开始表现出浓厚的兴趣。可以说，从世界范围看，全球重要农业文化遗产的春天已经到来。

中国的情况更是如此。

我们有独特的资源基础。我国是一个农业大国和农业古国，自然条件复杂。自人类历史文明以来，勤劳的中国人民运用自己的聪明智慧，与自然共荣共存，依山而住，傍水而居，经过一代代的努力和积累创造出了悠久而灿烂的中华农耕文明，成为中华传统文化的重要基础和组成部分，并曾引领世界农业文明数千年。其中所蕴含的丰富的生态哲学思想和生态循环农业理念，至今对于国际可持续农业的发展依然具有重要的指导意义和参考价值。

我们有成功的实践经验。作为最早响应并积极参与全球重要农业文化遗产保护倡议的国家之一，在短短10多年间，在联合国粮农组织的指导下，在地方政府和民众的热情参与和不同学科专家的支持下，经过农业农村部国际合作司、原农产品加工局及中国科学院地理科学与资源研究所等通力合作，使我国的农业文化遗产发掘与保护工作走在了世界的前列。我国已拥有15项全球重要农业文化遗产，数量居于世界各国之首；在国际上率先开展国家级农业文化遗产发掘与保护，现已认定4批91项中国重要农业文化遗产；在国际上率先颁布《重要农业文化遗产管理办法》，并确立了“在发掘中保护、在利用中传承”的指导思想，建立了“保护优先、合理利用，整体保护、协调发展，动态保护、功能拓展，多方参与、惠益共享”的保护原则和“政府主导、分级管理、多方参与”的管理机制；从历史文化、系统功能、动态保护、发展战略等方面开展了多学科综合研究，初步形成了一支包括农业历史、农业生态、农业经济、农业政策、农业旅游、乡村发展、农业民俗以及民族学与人类学等领域专家在内的研究队伍；通过技术指导、示范带动等多种途径，有效保护了遗产地农业生物多样性与传统农耕文化，促进了农业与农村的可持续发展，提高了农户的文化自觉性和自豪感，改善了农村生态环境，促进了农业发展方式的转变，带动了休闲农业与乡村旅游的发展，提高了农民收入与农村经济发展水平，产生了良好的生态效益、社会效益和经济效益。

我们迎来了前所未有的发展机遇。习近平总书记在中央农村工作会议上指出：“农耕文化是我国农业的宝贵财富，是中华文化的重要组成部分，不仅不能丢，而且要不断发扬光大”“农村是我国传统文明的发源地，乡土文化的根不能断，农村不能成为荒芜的农村、留守的农村、记忆中的故园。”国务院办公厅以国办发〔2015〕59号形式发布的《关于加快转变农业发展方式的意见》指出：“保持传统乡村风貌，传承农耕文化，加强重要农业文化遗产发掘和保护，扶持建设一批具有历史、地域、民族特点的特色景观旅游村镇。提升休闲农业与乡村旅游示范创建水平，加大美丽乡村推介力度。”2016—2018年，中央一号文件均将发掘保护农业文化遗产写入其中。这些无不昭示着农业文化遗产的充满无限希望的未来。

我们迎来了农业文化遗产保护的春天，我国农业文化遗产的发掘、保护、利用、传承，必将为实现中华民族伟大复兴的“中国梦”，为“让农业成为有奔头的产业，让农民成为体面的职业，让农村成为安居乐业的美丽家园”作出应有的贡献。

李文华

中国工程院院士

联合国粮农组织全球重要农业文化遗产原指导委员会主席

农业农村部全球/中国重要农业文化遗产专家委员会主任委员

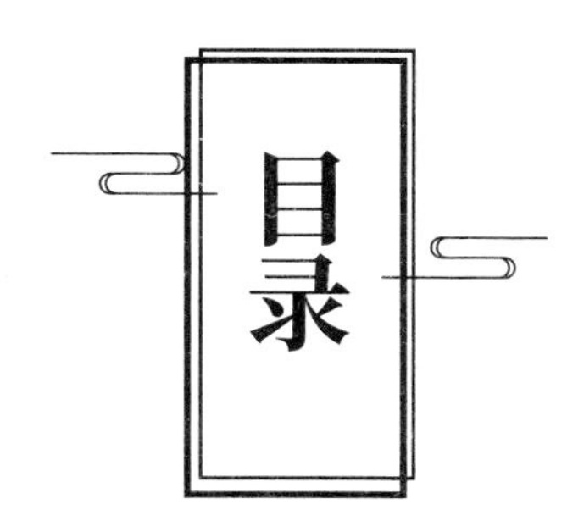

目录

遗产类型的多样性与保护途径的多样性[①]

第一，目前的遗产分类无法涵盖所有有意义的遗产类型。我涉足于遗产这方面是最近的事，以前所做的关于中国生态农业的研究，应当说和这有些关系。实际上，中国现代生态农业发展的一个重要基础就是中国传统的哲学思想和这种思想指导下的中国的传统农业实践。比较有意思的是，2002 年联合国粮农组织（原文误为“教科文组织”——作者注）开始做一个新的工作——全球重要农业文化遗产保护。2004 年以后，我们开始介入了这件事，参加了项目申报。2005 年在全世界选了 5 个类型 6 个点，涉及 6 个国家，我国浙江省青田县的稻鱼共生系统被选作试点之一。通过参加这一工作，我在想这样一件事，农业文化遗产属于哪一种类型？

按照教科文组织的分类，一般将遗产分为自然遗产、文化遗产、文化景观、非物质文化遗产等，尽管粮农组织也说农业文化遗产在概念上等同于文化遗产，但它们之间还是有着明显的区别的。因为农业文化遗产除了具有自然遗产、文化遗产、文化景观、非物质文化遗产的一般特征外，还有一个重要方面就是人的参与，因为它还是一个包括人在内的复合生态系统。对于一般的遗产，比如故宫这种文化遗产，我把门关起来，就可以进行保护和维修；对于张家界这种自然遗产，也可以通过减少人类活动，使之得到较好的保护；对于昆曲这样的非物质文化遗产，我们可以通过文字、声像记载的方式，使之得到保存，当然更好的是通过传承人的方式让它得到传承。但是农业文化遗产中，就不是简单的稻田养鱼技术问题，如果没有农民在里面的话，这个农业文化遗产就不存在了；如果自然与文化景观发生了变化，也不是真正意义上的农业文化遗产；如果失去了稻鱼共生系统的共生关系及其作用机制，就更不是农业文化遗产了。

① 本文原刊于中国科学技术协会学会学术部编《遗产保护与社会发展》，中国科学技术出版社，2007，12-17 页。

尽管在世界文化遗产名录里，也有了一些跟农业文化遗产有关的项目，像菲律宾梯田、欧洲的一些葡萄园、种植园等，但是其数量还是比较少的。我认为，应当关注农业文化遗产、工业遗产这样一些新的遗产类型。按照粮农组织的规划，在未来6年的时间里，准备选出100个到150个农业文化遗产项目。

我国是一个农业古国和农业大国，农业文化遗产类型很多。我想，如果我们能从一开始就介入的话，参与到有关规划的编制和遴选标准的制定中，就可能在今后的活动中更有主动权了。这既是对世界农业文化遗产保护的贡献，更是对祖先给我们留下的丰富的遗产负责，而且还可以避免目前在世界遗产申报中大量预备而难以大量入选的尴尬局面。

第二，关于保护和发展的关系，保护是前提，发展是为了更好的保护。还是说稻鱼共生系统这个例子，如果把它作为一个农业技术推广项目，或是一个旅游景点来对待的话，就很难使之得到保护。只是把它记载下来，但原有的生态状况是完全不一样的，作为一项技术在全国进行推广，在经济上也是不可行的。我们需要保持的是一种系统作用机制，目前还有很多？系统间的活态性并没有完全认识清楚，但如果破坏了原来的系统结构，也就无法进行研究了。

对于农业文化遗产的保护，绝对强调原始状态也是很困难的事，因为那里的农民也要发展。联合国粮农组织提出了“动态保护”的思想，就很有意义。像稻田养鱼，目前在许多地方发展了稻田养鸭、稻田养蟹等，就是很好的发展。而且在许多地方的稻田养鱼中，水稻品种、鱼的品种和种养殖技术都有变化，因为农业毕竟还是一个产业，经济贡献是需要进行认真考虑的。这就带来一系列问题：哪些需要保护？保护中应当做哪些限制？哪些需要发展？需要进行什么程度的发展？等等，这些都是需要我们进行研究的。

另外，通过发展还可以实现更好的保护。我们做过初步分析，对于中国的稻田养鱼，目前应该说发展面积很大，主要集中在三大地区：东南沿海、西南贫困地区（如贵州侗族地区）、长江中下游地区（特别是湖南、湖北）。三个地区代表了三种不同的经济发展水平。湖南、湖北的已经不是传统的模式了，侗族地区由于自然条件较差和经济比较落后才保留了这种传统模式。比较有意思的是东南沿海地区，像浙江的青田县，临近温州，应当说经济水平比较高，更为重要的是，这里是著名的华侨之乡。这个地方保存下来一个很重要的原因可能就是这个地方的经济发展使当地百姓对农田的依赖不是很高。这是不是一种通过发展达到更好保护的例子呢？当然这种发展可能与这类遗产没有多大关系，但却说明经济发展对于遗产保护的重要作用。

还要强调一点，我非常同意在遗产开发和经营过程中必须有遗产保护部门的全程监督。我认为，这种监督应当从规划开始，如果经营部门（如旅游部门）和遗产管理部门、当地政府和居民能够联手，利益共享，责任共担，可能会更好。

第三，应当注意从过去遗产传承的经验中探索遗产的保护途径。大家讨论比较多的是在遗产保护中，如何发挥政府、科技、舆论的作用。而且大家也谈了遗产保护中的许多较强的技术性问题。我们注意到，许多保存至今的遗产，往往和一些非技术因素有关，如家族、宗教信仰、乡规民约等发挥着重要作用。如何发挥家族、宗教、乡规民约的作用，发挥它的正面影响，也是我们需要研究的一个课题。

农业文化遗产中的生态保护重点与途径[①]

农业文化遗产是劳动人民长期以来在农业生产活动中，为了适应不同的自然条件，创造的至今仍具有重要价值的农业技术与知识体系。这些灿烂的农业文化遗产体现了人与自然和谐共生的生态思想，也为农业的可持续发展保留了杰出的农业景观，维持了健康的生态系统，传承了内涵丰富的传统知识，保存了具有战略意义的农业生物多样性。在农业文化遗产保护中，生态保护是其核心内容，一般包括农业生物多样性保护、农业生态系统保护与农村生态环境保护三部分内容。也就是说，农业生态保护需重视生物（种质资源和生物多样性）、生态过程（生物之间的相互关系）和无机环境（水、土壤的数量及质量）的系统保护。

农业生物多样性是指与食物及农业生产相关的所有生物多样性的总称，包括遗传多样性（或基因多样性）、物种多样性及生态系统多样性。由于自然与社会经济条件及传统文化等原因，农业文化遗产地的农民有意识地保留了数量繁多的农业物种，它们多数具有较强的病虫害抗性和对于不同生态条件下的种植适应性。这些丰富的遗传资源以及以此为中心的多样性的农耕技术，也形成了农业生态系统的多样性。农业生物多样性的核心是农业物种多样性的保护，应特别重视那些传统地方性品种的保护，而这些品种也正是地方名优和独特农产品生产的资源基础。

农业文化遗产具有明显的生态合理性，在维持生态平衡、保护生物多样性、保障粮食安全、改善农业生态环境、适应极端灾害、传承地方文化等方面具有重要的作用。这种多功能特性是由其合理的结构所决定的。因此，对于农业生态系统的保护，主要是保护农业生态系统的结构，包括不同品种及其之间不同数量的组分结构、在空间配置上镶嵌性的水平结构和成层性的垂直结构，以及在时间序列上物质循环和能量流动的营养结构，在此基础上促进农业生态系统

① 本文作者为刘某承、闵庆文，原刊于《农民日报》2013 年 11 月 22 日第 4 版。

功能的发挥。

农业生态环境指农业生产活动赖以存在的水、土壤、大气、生物等自然环境和以此为基础构建的生态系统环境。由于自然与人为的原因造成的农业生态环境问题，包括水资源的短缺和水环境的恶化、耕地资源的紧缺和耕地质量的下降、气候异常波动和大气污染，以及水土流失、土地退化、荒漠化与石漠化等所造成的各类生态系统的退化等，已经成为制约农业可持续发展的重要因素。农业文化遗产所体现的传统农业的生态学思想及生态农业实践，有助于通过物种与系统之间的互利共生作用、合理的资源保护与利用方式，减少农业自身所造成的环境污染及过多的资源消耗，并消纳工业和生活所产生的废弃物，从而维持良好的农业生态环境。

需要指出的是，农业生态保护应重视与农业文化和农业景观保护的结合，从而实现农业文化遗产系统的整体保护。农业文化遗产系统是一类典型的社会—经济—自然复合生态系统，是在与当地自然条件相适应的农业技术和文化指导下，利用丰富的生物资源和生物多样性进行农业生产，表现出独特的自然景观和文化景观，其所包含的农业生物多样性、传统农业技术和农业生态景观相互依存，一旦某个环节出现问题，其独特的、具有重要意义的生产、生态和文化功能也将随之消失。

显然，农业文化遗产的生态保护强调农业生态系统适应自然条件的可持续性，多功能服务维持当地居民生计安全的可持续性，以及维持区域生态安全的可持续性。因此，农业文化遗产的生态保护不仅仅是关于自然的保护，更重要的是为农业的可持续发展保留一种机遇。

对于农业生态保护，一是要实施农业生物多样性保护工程，像自然遗产及自然保护区建设和管理那样，建设和管理农业文化遗产地和农业生物资源保护区。二是实施农业生态修复与环境治理工程，通过多种途径改善农业水、土、气、生态环境，有效遏制农业生态系统及相关生态系统的退化。三是实施农村生态文明建设与美丽乡村建设工程，以传统农业文化保护与传承为重点开展农村生态文化建设，以生态农业和多功能农业为重点发展生态产业，以有效控制农业面源污染和退化生态系统修复为重点，开展农业生态环境保护。

农业非物质文化遗产保护[①]

农业文化遗产是人类继承的传统农业成千上万年积累传承下来的共同财富，是文化与自然协同进化的结晶。农业非物质文化遗产是农业文化遗产系统中人与自然、人与人、人与社会、历史与现实之间的关联集合，它将系统中各个静态环节联系起来成为一个动态性的整体，并随着历史发展与社会进步不断适应。它的保护和传承，有助于遗产地社区了解和继承历史记忆，保存传统知识和技术，传承社区集体价值观，促进民众的文化自觉；有助于保护乡村文化的多样性，进而使其各项功能良好发挥，对于农业文化遗产中生物多样性的保护、农业生态与农村环境保护和农业景观保护有着积极的作用；有助于有效保存文化资源，为休闲农业、乡村旅游和农业文化产业的发展提供资源基础。

随着城市化的快速发展和外来文化的冲击，农业非物质文化遗产的保护与传承面临着严峻挑战，出现了传统知识和技术流失、社会结构解体及价值观变异等问题。农业文化遗产是一个复合性、整体性、动态性和适应性的农业生产系统，而非简单的历史遗存或文化特质。因此，农业非物质文化遗产保护也必须符合整体性、系统性、动态性等特征。

农业非物质文化遗产保护，首先要强调社区居民在文化保护中的作用，提高民众的文化自觉；其次是应当注重文化适应，注意保护特定的、于系统持续性和社区发展有益的人类智慧结晶；最后是应注意与农业物质性遗产、农业技术、农业生态环境和农业景观保护相结合。并通过以下途径实现。

第一，通过集体教育和讲习带动传统知识与社会价值观的社区传承。中国传统社会中的文化传承是通过家庭和社会组织进行的。但是，在传统社会结构普遍解体的今天，这种教育便只能借助外力来组织进行。这种教育应当以中国传统文化中的优秀内核、社区文化资源、传统农业文化知识和技术为依托，编制培训教

① 本文作者为袁正、闵庆文，原刊于《农民日报》2013年10月25日第4版。

材，针对学生、干部、社区居民等不同文化素质与角色的主体，开展多种形式的教学活动。在此过程中，传统知识和社会价值观能够更好地被理解、学习和传递。

第二，进行项目设计对农业非物质文化遗产进行保护。在国际、国家乃至地方层面上，涉及非物质文化遗产保护的项目很多。农业非物质文化遗产也是非物质文化遗产的重要组成部分，如“二十四节气”等已被列为国家级非物质文化遗产。特别是2011年中共十七届六中全会形成的《中共中央关于深化文化体制改革推动社会主义文化大发展大繁荣若干重大问题的决定》发布后，各省、市传统的文化保护类项目更为丰富，文化产业发展相关的配套项目和政策相继大量出台。这些项目都为农业非物质文化遗产保护提供了基础。

第三，科学规划、大力推动农业文化产业的发展，以产业发展带动农业非物质文化遗产保护。文化产业的发展是有效促进区域文化保护与传承的重要方式。参照农业部《农业文化遗产保护与发展规划编写导则》及其他部委相关文件，结合遗产地自身的文化资源特征，合理规划和发展与农业非物质文化遗产相关的农业文化产业。注重农业文化产品的生产，包括广播电影电视服务、文化艺术服务、文化信息传输服务、文化创意和设计服务、文化休闲娱乐服务和工艺美术品生产等。需要注意的是，在农业文化产业发展中必须注意突出地方文化个性，保障文化持有者的产权，并注重文化产业发展的可持续性。

农业文化遗产的景观及其保护①

按照联合国粮农组织的定义，全球重要农业文化遗产（GIAHS）是一种独特的、具有丰富生物多样性的农业景观。因此，包括农业生态景观与农业文化景观在内的农业景观是农业文化遗产保护的重要内容，同时也是传统农业生产系统、传统村落以及传统生产技术和知识等的空间载体。

农业生态景观指一个由不同土地单元镶嵌组成、具有明显视觉特征的地理实体，它处于生态系统之上、大地理区域之下的中间尺度，是长期以来在人类活动影响下，人与自然协同进化下所形成的，由森林、草原、农田、河流、湖泊、村落等各类型生态系统组成的独特景观。农业文化景观或乡村景观则包括聚落、街道、建筑、人物、服饰、交通工具、栽培植物与养殖动物等。

由于不同景观要素在区域的数量、质量、组合方式以及比重的不同，因此构成农业文化遗产系统的农业景观特征千差万别，与环境协调一致就能增强农业文化遗产的美感，与环境相冲突就会破坏农业文化遗产的和谐。此外，人类在了解、感受、利用改造自然和创造生活的实践中所形成的乡村社会、经济、宗教、政治和乡村组织形式等方面的社会价值观等文化特征，与在自然环境景观的基底上塑造和建设的可视景观要素交相呼应，共同构成了活态的、动态的农业景观。

农业景观具有生态、文化、精神、美学等多重价值。其生态价值主要体现在农业文化遗产往往是因地制宜，巧妙利用当地气候和水土资源，形成景观结构合理、功能完备、价值多样的复合农业系统。例如，哈尼稻作梯田系统的森林—村寨—梯田—水系“四度同构”的生态与文化景观就实现了水肥高效利用，保持了农业生产系统和农业生态系统的稳定，是山地生态农业的典范。农业景观是农业社会创造的人类智慧的结晶，是农业物质文化遗产与非物质文化遗产的载体，承载着被视觉所观察到的有形物质形态及无法直接观察到的无形价值，其蕴

① 本文作者为何露、闵庆文，原刊于《农民日报》2013 年 11 月 15 日第 4 版。

含的自然和文化多样性是未来人类持续生存的源泉。农业景观还是村落精神文化的摇篮，它孕育、滋养了村落共同的文化集体记忆。农业景观的美学价值亦十分显著，已经成为或将要成为遗产地旅游发展的重要吸引物。例如，哈尼梯田最吸引旅游者的景色是“规模巨大且分布广泛的水梯田”。

随着经济快速发展、城镇化加快推进和现代技术应用，农业景观保护愈加显得重要且迫切。对于农业景观保护，需要注意以下几个方面。

第一，应当充分考虑农业文化遗产的复合性特征，不仅要注重保护传统村落以及人们赖以生存的田地、山林、川泽与生态环境，还应当保护村落的居住环境和文化记忆，实现自然和文化、物质和非物质、历史和现时的整体保护。根据不同的保护主体，形成目标统一、途径各异的保护方式，维护农业景观的多样性。

第二，农业景观的保护应当充分考虑农业文化遗产的动态性特征，倡导尊重农业文化遗产演变的客观规律，在“内生”的文化传统和“外生”的文化冲击共同作用中寻求平衡点，延续传统文化脉络，维护现代社会文化多样性。

第三，需要根据不同农业景观制定相应的具有科学性和前瞻性的合理规划与保护管理办法，确定保护项目和目标，提出具体保护措施，指导政府在相应的政策导向、法律体系构建、技术保障与资金筹措、资源整合等方面给予支持和引导，形成有效地整合保护的制度保证和规范落实。

第四，注重对目前农业文化遗产、生态环境保护、新农村建设、传统村落保护等方面的资源整合，并特别强调社区的参与，保证农业景观保护的政策、资金与技术支持，保持农业景观所承载的农业文化的活力，提高保护措施的针对性、稳定性和保护与发展的可持续性。

农业文化遗产保护的关键机制[①]

2002 年，联合国粮农组织（FAO）发起了全球重要农业文化遗产（GIAHS）保护倡议，中国是最早参与并积极推动的国家之一。农业文化遗产与自然遗产、文化遗产和非物质文化遗产不同，不仅承载着文化，更具有丰富的农业生物多样性、完善的传统知识与技术体系、独特的生态与文化景观。发掘和保护农业文化遗产，对农村环境的改善、农民脱贫、农业科技发展等方面都具有示范性和带动性作用。总结过去 10 多年的实践经验，三个关键机制对农业文化遗产保护非常重要。

1　政策激励机制：实施补偿机制，留下传统“基因”

需要建立农业文化遗产保护的“政策激励机制”，是因为农业文化遗产蕴含着对于当今和未来农业发展具有重要价值的生物、文化和技术“基因”：传统农业生产系统中的许多重要动植物遗传资源及相关的生物多样性，在维持生态系统稳定和服务功能发挥等方面具有重要作用；农业生产过程中创造的诸如侗族大歌、哈尼四季生产调、青田鱼灯舞等丰富多彩的歌舞以及民俗、饮食、建筑等物质与非物质文化遗产，对于农耕文化传承、农村社会和谐等具有重要意义；稻田养鱼、桑基鱼塘、农林复合、梯田耕作、间作套种等传统农业生产技术，对于现代生态循环农业发展具有借鉴意义。

因此，应当尽快研究并实施农业文化遗产保护的生态与文化补偿，即参照对于自然生态保护的思路和做法对农业生物多样性与农业生态景观保护进行生态补偿，参照对于文物、非物质文化遗产和传统村落保护的思路和做法对农业技术与文化多样性保护进行文化补偿。

在农业与农村发展和生态环境保护方面已有许多政策，应当注意政策融合问

① 本文原刊于《光明日报》2016 年 8 月 19 日 10 版。

题，因为农业文化遗产保护与发展是一类特殊的区域发展问题，除建立有针对性的支持政策外，还应当将已经实施的美丽乡村建设、休闲农业与乡村旅游发展、民族文化保护、农村生态建设、精准扶贫、农业产业结构调整与“三产”融合发展、现代生态循环农业发展、新型农民培训与“双创”等政策进行有机结合。

2　产业促进机制：平衡“原汁原味”与发展需求

需要建立农业文化遗产保护的“产业促进机制”，是因为农业文化遗产多处于经济落后、生态脆弱、文化丰厚的地区，肩负着经济发展、生态保护、文化传承的多重任务。过分强调“原汁原味”的保护而忽视了区域发展，难以调动当地居民遗产保护的积极性，难以实现保护的目的，需要探索动态保护与适应性管理的新思路。

农业文化遗产除了具有直接的生产功能外，还具有重要的生态功能和文化功能，这为拓展农业功能、促进农业提质增效、农民就业增收、农村和谐稳定奠定了资源基础。农业文化遗产地具有发展“第六产业”的先天优势。特有的农业物种与生物资源、相对丰富的劳动力资源，以及传统的文化习俗和优美的乡村景观，成为发展劳动密集型的特色农业和农产品加工业、手工艺品制作、生态与文化旅游以及生物资源产业、文化创意产业等的优势。

秉持“在发掘中保护，在利用中传承”的基本原则，在坚持以农业生产为基础的前提下，积极发展农产品加工业、食品加工业、生物资源产业、文化创意产业、乡村旅游产业等为主要内容的多功能农业，逐步建立起农业功能拓展、“三产”融合发展的新型农业产业模式，实现农民从“农业生产者”向“多种经营者”的转变，农事活动、乡村景观、传统民俗、生态环境向生态与文化旅游资源的转变，原来自给自足的农产品向具有更高附加值的特色农产品、高端消费品和旅游纪念品的转变。

3　多方参与机制：加强政府主导，调动各方力量

需要建立农业文化遗产保护的“多方参与机制”，是因为农业文化遗产是先民创造、世代传承并不断发展的传统农业生产系统，其所有者应当是依然从事农业生产的“农民”，他们理应成为农业文化遗产的最主要的保护者，同时也应当是遗产保护的最主要的受益者。但必须看到，之所以要对农业文化遗产进行保护，正是因为它们在现今条件下面临着威胁，不具有竞争力而处于“濒危”状

态。如果仅靠农民进行保护，不仅难以实现保护的目的，而且把属于全人类共有共享的“遗产”保护重任压到弱势群体身上，也是不公平的。

为此，应当建立政府推动、科技驱动、企业带动、社区主动、社会联动的“五位一体”的多方参与机制。由政府发挥主导作用，制定相关保障性政策，实施规范化管理，组织规划编制和实施，负责资金筹措等，将农业文化遗产保护与利用纳入地方发展的总体布局中。充分发挥科技的支撑作用，组织农业生态、农业历史、农业文化、农业经济、农村发展等领域的专家，发掘、评估农业文化遗产的价值，分析农业文化遗产系统可持续发展机制，协助编制科学、可操作的保护与发展规划，进行传统知识与经验的理论提升。注重发挥企业在农业文化遗产保护与发展中的特殊作用，有效提高产品开发、市场开拓、资金投入、产业管理等方面的水平。充分调动农村社区保护农业文化遗产的主动性，提高他们的自信心，让他们真正成为农业文化遗产保护成果的最主要受益者。提高公众的参与意识，营造良好的社会氛围，探索社区支持农业、认养制度、志愿者制度等措施。

农业文化遗产保护的生态补偿机制[1]

建立生态补偿机制，是建设生态文明的重要制度保障。近年来，有关地区和部门在大力实施生态保护建设工程的同时，积极探索生态补偿机制建设，在森林、草原、湿地和水资源、矿产资源、海洋以及重点生态功能区等领域的生态补偿机制建设方面取得了初步成效。但比较而言，对于农业特别是传统农业的生态系统服务功能及其生态补偿的研究和实践探索还很不足。

1 建立农业文化遗产保护生态补偿机制的必要性

农业除了具有直接的生产功能以外，还具有重要的生态功能和文化功能。特别是那些处于经济相对落后、生态相对脆弱、文化又非常丰富地区的农业文化遗产，其生态与社会文化功能更为显著，应当也必须在农业生态补偿中给予优先考虑，农业文化遗产保护的生态补偿机制也被认为是重要途径之一。

作为集生态、文化、经济等多种功能于一体的农业文化遗产，具有明显的生态合理性，在维持生态平衡、改善农田环境、保护生物多样性、保障粮食安全、传承农业文化等方面具有重要的作用。从生态保护意义上看，根据中国生态功能区划的结果，我国的农业文化遗产地都处于限制开发的生态功能区。第一批 19 个中国重要农业文化遗产（China-NIAHS）中，有 9 个位于生物多样性保护功能区，5 个位于水源涵养功能区，4 个位于土壤保持功能区，1 个位于防风固沙功能区。

联合国粮农组织（FAO）2007 年提出，为了给农业文化遗产“提供不同组合或更高水平的环境服务”，需要“补偿生产者因生产方式而损失的收益”。通过生态补偿不仅可以激励农民采用环境友好型生产方式，以充分发挥农业文化遗产的生态服务功能，也可以补偿农民因采用传统的生产方式而增加的成本和减少的

[1] 本文作者为刘某承、闵庆文，原刊于《农民日报》2013 年 9 月 20 日第 4 版。

产量，使农民外部性贡献得以内部化。

2 实施农业文化遗产保护生态补偿机制的基本思路

农业文化遗产生态补偿方式应该是多元化的，不仅包括资金补偿，还应当包括技术培训、市场开发、政策支持等多种手段。在市场机制还没有条件发生作用或者还不能完全发生作用的时候，如有机农业生产转换期阶段、旅游开发的初始阶段。资金补偿是有效的保护途径，可以为有机农业生产和旅游基础设施建设、农业文化遗产软实力开发提供有效的资金支持。而市场发育完善后就可以充分利用市场的力量进行农业文化遗产的动态保护，如进行有机农业生产和发展可持续旅游。同时，有机农业生产与旅游发展也是互相促进的，有机产品和有机生产方式本身就会形成旅游吸引力，旅游的发展又会通过市场宣传促进有机产品的生产。旅游和有机产品生产带来的收益反哺农户形成了新的“以市场为依托的生态补偿方式”。三者互相作用的机制显而易见。需要注意的是，纯市场的力量发挥作用时需要政府和管理部门的有效监督，避免“市场失灵”带来的农业文化遗产破坏。

3 农业文化遗产保护生态补偿的标准

生态补偿标准的确定是补偿机制构建的核心和难点。参照生态补偿标准确定的一般原则，即生态保护者的直接投入和机会成本、生态受益者的获利、生态破坏的恢复成本、生态系统服务的价值，农业文化遗产生态补偿标准的确定包括以下几种方法：

一是按农户的投入成本计算。农户为了保护生态环境需要投入人力、物力和财力，使得农业生产的投入产出比降低，甚至可能损失一部分经济收入，但往往由于没有考虑农户的风险成本及其对产品市场的不稳定预期，而使补偿标准相对较低。

二是按农户的受偿意愿计算。通过意愿调查获得的数据能够反映农户自主提供优质生态系统服务的成本，但往往由于受被调查者自身的素质及相关统计技术等因素的影响，使得支付意愿和受偿意愿之间存在着极大的不对称性。

三是按产生的生态效益计算。这是目前使用较多的方法，但生态效益价值评估往往受到生态系统的复杂性及所采用的经济学方法的局限性，使得生态效益价值与现实的补偿能力之间产生较大的差距。

在目前阶段，比较切实可行的方法是将成本投入与效益产出、受偿意愿与补偿意愿、生态系统服务的供给与消费耦合起来，构建具有可操作性的生态补偿标准。

生态文化型农产品开发：农业文化遗产保护与发展的关键[1]

农业文化遗产是一类特殊的农业生产系统，与一般的农业生产系统的区别在于它是历史时期创造并延续至今、具有重要生态与文化价值的系统，即所谓“活态”遗产。因此对于这类遗产的保护，首先必须注重发挥其生产功能，并尽可能发挥其生态与文化功能。

农业文化遗产的可持续，根本在于鲜活、传统的农业生产的可持续，如果仅仅是对农业技术、经验、文化、知识和景观进行保护，而忽视现实生产的发展，则会使保护成为无源之水、无本之木。农业文化遗产保护客观上需要农民维持传统的农业生产方式，必须将农产品开发置于动态保护的中心位置，充分利用传统农业的品种资源优势、生态环境优势与传统文化优势，通过农业功能的拓展，实现在生态环境与传统文化保护基础上经济的可持续发展。

农业文化遗产地的农产品具有发展成为优质、安全农产品的先天优势。农业文化遗产地多数处于地理偏僻、经济落后的地区，同时多数还是重要的生态功能区或生态脆弱地区。长期以来，当地的农民只能获得有限的外部资本、技术投入和政府的帮助，他们继承了当地传统复杂的农作系统，充分适应当地条件，在很少或不依赖机械、农药、化肥和其他现代农业科学技术投入的情况下发展成为具有较强持续性的农业生产方式。显然，较少受到化学品危害的农业文化遗产地保持了良好的生态环境条件，土壤、水、空气中的有害化学物质成分也相对较少。很多地区都具备无公害农产品、绿色食品甚至是有机农产品和地理标志产品的认证条件。随着居民消费水平和食品安全意识的提高，市场对这类安全优质农产品的需求越来越大，这将有利于提高农民收入、促进农业文化遗产地的可持续发展。

---

① 本文作者何露、闵庆文，原刊于《农民日报》2013 年 9 月 27 日第 4 版。

农业文化遗产地的农产品具有发展成为品牌、文化农产品的独特优势。农产品的开发还应当利用当地丰富的特色生物资源和文化内涵，打造特色品牌产品。然而由于这类的地方特色农产品一般产量相对较低，未受到人们的重视，一些传统优良品种近乎消亡。如果将这些特色产品与农业文化遗产地的地域文化、地理和历史有效的嫁接，通过“科学商标”“历史商标”“人文商标”“地域商标”和“文化商标”等赋予农产品丰富的文化内涵，将能够产生巨大的经济效益和社会效益，也会使遗产地的农业和农产品形成独具特色且有影响力的整体优势，增强市场竞争力。同时还要加强农产品品牌的策划包装与宣传，利用现代市场营销手段，不断扩大农产品的品牌效应。浙江青田的田鱼、贵州从江的香禾与香猪、江西万年的贡米、云南哈尼梯田的红米与紫米、内蒙古敖汉的小米、云南普洱的普洱茶、河北宣化的葡萄、浙江绍兴的香榧等都是这方面成功的典型。

农业文化遗产地农产品的开发还需要通过一二三产业的相互融合，提升农产品附加值。一方面积极引导农产品的精深加工，通过有效的利益联结机制，如股份合作、契约合同等，引导农户自发组成合作社组织进行标准化、规模化的种养殖等，形成完整的生产、加工、销售的产业链，进行一体化经营。这既为龙头企业提供了稳定优质农产品原材料的保证，又能促进农业文化遗产地生态农业产业化建设。另一方面充分借助农业文化遗产地的旅游发展，扩大和增加观光作用和体验农业项目，通过相互带动作用，促进农业与旅游业的深度融合。这将在满足旅游市场需求的同时，通过延长产业链提高农产品附加值，促进农民就业增收。

农业文化遗产地可持续发展的关键并不是长期的财政补贴，而是应当在外部资金投入的激励下，逐渐实现农业的可持续发展和农民收入的稳步提高。只要抓住优质、安全、特色、文化的特点，并通过一二三产业的联动，就有望实现农业文化遗产的保护与可持续发展。

可持续旅游：农业文化遗产文化价值实现的主要途径①

随着农业文化遗产越来越受到社会各界的关注，旅游发展也开始受到重视。世界各地的成功经验让一些地方政府开始希望通过旅游带动地区经济发展、品牌建设以及强化地方文化的认同等，不少人也开始担心旅游可能带来的负面影响，如正发生在很多遗产地的“不经意破坏”或“建设性破坏”。

农业文化遗产的概念是从生物多样性、景观以及文化多样性保护的角度提出的，保护的前提是传统农业系统得以维持以及传统农业社区通过发挥农业的多功能性来适应现代化的各种冲击。在这些农业多功能性中，生产功能依然是第一位的，休闲旅游的功能作用在遗产保护中也发挥着重要作用。然而，旅游只是传统农业生产功能的补充，而不具有替代作用。任何希望通过发展旅游来替代传统农业系统生产功能的想法都会对农业文化遗产造成破坏。利用农业文化遗产发展旅游具有潜在的风险，不能让旅游取代农业文化遗产地原有的经济产业，而应该使其成为一种补充。

农业文化遗产旅游不同于一般的乡村旅游和农业旅游，更不同于目前盛行的农家乐旅游。其核心是“遗产”，是旅游者前往农业文化遗产地进行体验、学习和了解农业文化遗产的旅游活动，属于文化旅游的范畴，其重要功能是确立地方的文化身份。对于农业文化遗产旅游来讲，农业生产、知识、经验、技艺和农业生物多样性等都是必不可少的旅游元素，学习、了解和尊重传统的农业生产和生活是旅游者所追求的核心体验。

很多农业文化遗产地位于偏远的生态脆弱地区，因此在发展理念上应遵循生态旅游模式，如小规模旅游，强调社区利益，最大限度地减少对当地环境与生态系统的影响等。此外，还具有自身的特点，突出地表现在文化元素方面。因此，

① 本文作者孙业红、闵庆文，原刊于《农民日报》2013年10月11日第4版。

农业文化遗产旅游可以看作一种融合了农业旅游、文化旅游、遗产旅游和生态旅游特点的特殊旅游形态。从旅游资源的特点来看，具有特色鲜明、脆弱性和敏感性高、分布广泛、可参与性强、复合性强的特点，这些特点也决定了在旅游开发中需要采用可持续的旅游模式，而非泛泛的大众旅游模式。在旅游开发中，需要注意以下几个问题。

一是绝不可忽视社区的重要性。农业社区是农业文化遗产存在的保证，没有社区就没有真正的农业，因此社区的利益至高无上。社区居民也就是农民，不仅是遗产的拥有者和保护传承者，也应当成为旅游活动的主体和珍贵的旅游资源。农业文化遗产地的旅游发展首先要确保地方社区的利益，否则，不仅遗产不能得到保护，旅游发展也将难以持续。

二是需要特别注意资源的脆弱和敏感性。农业文化遗产大多分布在偏远落后地区，生态系统脆弱而且敏感。旅游对于农业文化遗产来讲就是一种很强烈的人为干扰活动，如果管理不善，将非常容易破坏农业生态系统的稳定和农业生物多样性及农业生态景观。另外，这种脆弱性还体现在文化上，因为很多农业文化遗产地位于少数民族地区，文化敏感性强。因此，旅游的发展必须充分尊重当地的文化，尽量减少旅游对当地的文化涵化，减少对民族文化的冲击。

三是需要审慎决策旅游发展的模式。农业文化遗产地的旅游必须采用基于社区的可持续模式，通过将生物多样性、文化多样性进行合理的资源转化使之成为可持续旅游的资源基础，形成遗产认知和地方认同，转化为生物多样性和文化多样性保护的内生动力。农业文化遗产地不可开发建设高端度假旅游、高尔夫球场，开发温泉旅游等高耗水的旅游方式。在进行旅游项目建设之前，必须进行严格的环境评价和生态系统影响及文化影响评估，同时对游客也要进行相关的培训与引导，最大限度地减少旅游带来的负面影响。农业文化遗产的旅游模式必须是基于社区的、可持续的，否则开发即是破坏，这将与农业文化遗产保护的初衷背道而驰。

农业文化遗产地旅游发展的几大误区[①]

自2005年浙江青田稻鱼共生系统被联合国粮农组织列为中国第一个全球重要农业文化遗产保护试点以来，农业文化遗产这个概念就进入了人们的视野，并且受到越来越多的关注。不可否认的是，很多地方积极申报中国和全球重要农业文化遗产的一个重要目的是，希望利用遗产的金字招牌来发展旅游。虽然联合国教科文组织曾把大规模旅游列为和自然灾害、战争等并列的世界遗产几大破坏因素之一，但也多次在不同的大会上宣布可持续旅游对于世界遗产保护具有重要作用。显然，遗产地的旅游不是不能有，关键是要把握好发展的度。

其实，可持续旅游十几年前就被联合国粮农组织列为全球重要农业文化遗产的动态保护手段之一。因为农业文化遗产是一种活态遗产，不能僵化地保护，其“在发掘中保护，在利用中传承”的原则已得到学术界的认可。旅游发展是农业文化遗产地居民可持续生计的重要组成部分，也是将农业文化遗产地的生物多样性和文化多样性充分展示给外界的窗口，其正面意义毋庸置疑。

然而，目前对于农业文化遗产地的旅游发展也存在一些认识上的误区，已经开始影响到农业文化遗产的保护和可持续利用，需要提出来作为警示。

第一，对于农业文化遗产旅游的内涵认识不清。一些地方政府把农业文化遗产旅游简单地等同于乡村旅游和休闲农业，在农业文化遗产地采取与之同样的激励措施和组织模式。不可否认，乡村旅游和休闲农业为农业文化遗产旅游的发展提供了很多经验，但这两种模式本质上还是属于大众旅游的范畴，吸引的多是观光和休闲度假的游客群体。而农业文化遗产旅游本质上是一种文化和遗产旅游，其教育和科普功能是最重要的，需要通过旅游项目、旅游线路和旅游产品的设计增强所有利益相关者的遗产内源性保护意识，同时通过正确和有趣的遗产解说实现传统农业文化代内和代际知识的传递。因此，简单的农家餐饮、休闲观光项目

① 本文作者为孙业红、闵庆文，原刊于《农民日报》2017年7月26日第3版。

等不是农业文化遗产旅游的主要目标。

第二，对于农业文化遗产旅游的发展方向认识不清。在全域旅游发展、美丽乡村建设热潮涌遍全国的情势下，农业文化遗产地无疑也会受到冲击。全域旅游、美丽乡村本身都是国家提出的旅游和乡村发展的重要政策，其中很多内容会涉及到农业文化遗产，如果理念正确，这些项目对于农业文化遗产的保护应该有促进作用。然而，一些地方简单地将农业文化遗产地等同于普通的乡村，在规划方案中将农业文化遗产地按照景区的模式进行设计，完全不顾农业文化遗产本身的资源特点和保护要求，做出了错误的决策方案。此外，有些农业文化遗产地已经开始作为景区托管给旅游公司，有些农业文化遗产地开始四处寻求大资本的投入，这些措施对于普通村落的旅游开发来讲并没有什么问题，然而，对于农业文化遗产地来讲却极可能是把“双刃剑”。

第三，对于农业文化遗产旅游发展中居民的重要性认识不足。社区参与是旅游研究中一个老生常谈的话题，农业文化遗产旅游也不例外。但和一般村落旅游发展不同，农业文化遗产地社区居民的重要性尤其突出。一方面是因为他们是旅游资源的重要供给者，另一方面是因为他们本身就是重要的旅游资源。没有了社区居民，农业文化遗产保护根本无从谈起，更别提旅游发展。然而，目前很多农业文化遗产地并没有意识到这个问题，过分强调游客的需求，忽视了居民的利益。景区化就是对居民重要性认识不足的一个重要表现。有些旅游公司出于盈利的考虑，希望把全部或者部分居民迁出。地方政府也积极争取外部资本进入，进一步挤占了当地社区的发展空间。总体来看，农业文化遗产旅游的居民参与度还比较低，主动性不强，在很大程度上影响了农业文化遗产地传统知识和传统文化的传承和传播。

目前，我国农业文化遗产地旅游还处于起步阶段，无论在研究上还是实践上，都存在很多问题。需要明确的是，地方政府可以利用文化遗产的金字招牌来促进旅游发展，前提是必须认清农业文化遗产旅游的内涵，找准发展方向，充分调动当地社区居民的参与积极性，真正发挥旅游在农业文化遗产地生物多样性和文化多样性保护中的作用。农业文化遗产地发展旅游，需要相关科研人员、规划设计人员、经营管理人员和导游对农业有情怀，对农民有情感，对农村有担当。切记，农业文化遗产地是先有农业，然后才有旅游，过分强调旅游而忽视农业属于本末倒置，遗产地景区化更是要不得。

农业文化遗产旅游应当走全域旅游发展之路 ①

2011 年 3 月 30 日，国务院常务会议通过决议，将每年的 5 月 19 日正式确定为中国旅游日。2018 年活动主题是“全域旅游，美好生活”。

“全域旅游”的概念是 2016 年 1 月全国旅游工作会议上正式提出来的。作为一种新的旅游发展理念，甫一提出就引起政界、学界、业界的广泛关注和社会的强烈共鸣。2018 年 3 月 22 日国务院办公厅发布了《关于促进全域旅游发展的指导意见》，提出要“加快旅游供给侧结构性改革，着力推动旅游业从门票经济向产业经济转变，从粗放低效方式向精细高效方式转变，从封闭的旅游自循环向开放的‘旅游 +’转变，从企业单打独享向社会共建共享转变，从景区内部管理向全面依法治理转变，从部门行为向政府统筹推进转变，从单一景点景区建设向综合目的地服务转变”。

全域旅游是指在一定区域内，以旅游业为优势产业，通过对区域内经济社会资源尤其是旅游资源、相关产业、生态环境、公共服务、体制机制、政策法规、文明素质等进行全方位、系统化的优化提升，实现区域资源有机整合、产业融合发展、社会共建共享，以旅游业带动和促进经济社会协调发展的一种新的区域协调发展理念和模式。

1　农业文化遗产地具有发展全域旅游的资源基础

按照原国家旅游局 2003 年颁布的《旅游规划通则》的定义，自然界和人类社会凡能对旅游者产生吸引力，可以为旅游业开发利用，并可产生经济效益、社会效益和环境效益的各种事物现象和因素，均称为旅游资源。据此，农业文化遗产地的优良生态环境、丰富民族文化、独特乡村景观、奇特地质地貌，甚至地域特色鲜明的农业生产方式和农民生活方式、品种优良的农副产品和康养用品，都

① 原刊于《农民日报》2018 年 5 月 19 日 3 版。

成为发展体验、康养等多种旅游产品的重要资源。

此外，农业文化遗产地在人力资源、市场前景和政策支持等方面具有发展全域旅游的优势。

从人力资源看，根据调查，即使在农民工进城务工的现实情况下，农村劳动力整体富余现象依然存在，季节性富余更为明显。

从市场前景看，包括农业文化遗产旅游在内的休闲农业和乡村旅游近些年快速发展，市场前景广阔。据 2017 年 4 月召开的全国休闲农业和乡村旅游大会发布的信息，2016 年全国休闲农业和乡村旅游接待游客近 21 亿人次，营业收入超过 5 700 亿元，从业人员 845 万人，带动 672 万户农民受益。据 2018 年 1 月召开的全国旅游工作会议透露，2017 年全国乡村旅游达 25 亿人次，旅游消费规模超过 1.4 万亿元，旅游已成为扶贫和富民新渠道。

从政策支持看，2015 年 7 月国务院办公厅发布的《关于加快转变农业发展方式的意见》就指出，“积极开发农业多种功能。保持传统乡村风貌，传承农耕文化，加强重要农业文化遗产发掘和保护。”2018 年中央一号文件强调，实施休闲农业和乡村旅游精品工程，切实保护好优秀农耕文化遗产，推动优秀农耕文化遗产合理适度利用。

2 农业文化遗产旅游发展需要处理好六个关系

*一是农业与旅游的关系。*作为传统农业生产系统的农业文化遗产具有诸多功能，但其中最核心的依然是生产功能。比如哈尼梯田，尽管被列入世界文化遗产，但它的核心依然是农业生产。只有让农民仍然愿意经营农业，才有可能保护好这个遗产。在这种情况下，我们一定要遵循农业的基本生产规律、满足农民的基本诉求。在农业文化遗产地，应当是“农业 + 旅游”的发展理念，而不是“旅游 + 农业”。因为前者是拓展农业功能的体现，旅游是为促进农业可持续发展服务的，后者是丰富旅游产品的要求，农业是为发展旅游服务的。农业文化遗产地的旅游产品设计，应当以农业生产为基础，通过旅游等产业实现农业增效、农民增收，应当采取不同于“农业嘉年华”“农业观光园区”等的规划与发展思路。

*二是居民与游客的关系。*农业文化遗产发展旅游面临的一个突出问题就是本地文化保护与外来文化冲击的矛盾。在一些地方出现了两种错误倾向，一是遗产地居民为了迎合外来游客的需要，刻意或者不情愿地做出不符合遗产保护基本要求的改变，比如随意篡改地方民俗进行没有任何科学性和思想性的“编故事”，

将传统的很庄重的婚事庆典作为一般民俗纳入旅游参与性节目表演，使得庄严民俗庸俗化；二是一些游客以“强者”心理，看到遗产地农村居民也开始使用一些现代日常生活用品，而指责遗产地居民生活没有百分百保留“原生态”。

三是企业与社区的关系。企业利用现代化管理方式和强大资本投入，推动了旅游发展，但由于一些企业不重视长期投入而只重视短期效益，只重视规范化的景区管理而忽视农业、农村、农民的特殊性。事实证明，农民通过自身或合作组织在农业生产基础上发展旅游，要比“企业 + 农户”的方式更有利于遗产保护与旅游发展的协调，更有利于农民文化自觉性和自信心的提升。农民整体迁出造成原居住地过度商业化、农民以土地入股缺乏对土地的亲近感、农民以农场工人形式参与“标准化”生产而缺乏传统技艺的传承，其结果必然是对农业文化遗产的破坏。

四是农学从业者和旅游从业者的关系。随着旅游业的发展，当地农民会出现分化，一些农民专门从事旅游接待，一些农民继续从事农业生产，这是自然现象。他们之间会有收入差距，在对社会的认可程度等方面也会产生差距。要想办法让经营农业的农民和经营旅游业的农民之间建立某种良性发展关系。我们在一个农家乐接待户进行过调查，他雇用的人都是本村居民，用的食材都是村里其他农户的产品，这样遗产地居民间就形成互助合作的良好关系，有利于可持续发展。

五是景点与景区的关系。农业文化遗产旅游应避免景点化而应倡导全域景区化，全域旅游的主要目标之一就是“旅游发展全域化”，通过推进全域统筹规划、全域合理布局、全域服务提升、全域系统营销，构建良好自然生态环境、人文社会环境和放心旅游消费环境，实现全域宜居宜业宜游。例如，很多人简单地误认为“哈尼梯田就是元阳梯田”，而忽视了红河、绿春、金平甚至元江、墨江这些文化同根同源、景观各有特色的哈尼梯田的存在，其直接后果就是局部地区因高强度“开发”而造成破坏。

六是淡季与旺季的关系。农业文化遗产地因为自然条件的变化、农业生产的季节性以及在此基础上产生的乡村景观的多元性和民俗文化的丰富性，而具有更大的旅游发展潜力。旅游规划者、管理者、经营者要突破传统旅游资源的概念和传统旅游业发展的思维，更多地了解农村地区自然物候与景观的变化、传统习俗的文化内涵、农业生产的节律，开发适应不同季节的旅游产品，设计适应于不同旅游者需求的旅游产品。只有这样，才能避免本来一年四季因不同季节农事而呈现不同景观的哈尼梯田旅游，陷入“冬季是最佳季节、早上多依树看日出，傍晚老虎嘴看日落”的片面简单的认识。

衡量农业文化遗产旅游是否成功的标志是看是否有益于农业文化遗产保护，衡量农业文化遗产保护是否成功的标志是看传统农业生产是否可持续。“处处都是旅游资源，时时都是黄金季节，人人参与旅游发展”的全域旅游发展理念，为农业文化遗产旅游提供了新的发展思路，将有助于农业文化遗产的保护。坚持“保护优先、适度利用，多方参与、惠益共享”的原则，农业文化遗产也将会成为优秀的全域旅游发展示范区。

延伸阅读

中国旅游日及其历年主题

自1983年中国成为世界旅游组织成员后，旅游学界和业界就有了设立“中国旅游日”的议论。1987年《旅游天地》刊文提出设立“中国旅游节”；1999年有人提议设立“中国旅游日”；2000年宁海县提议把《徐霞客游记》的开篇日5月19日确定为“中国旅游日”；2001年5月19日，浙江省宁海人麻绍勤以宁海徐霞客旅游俱乐部的名义向社会发出设立“中国旅游日”的倡议；2008年3月17日，浙江省旅游局上书国家旅游局要求确定“5月19日”为“中国旅游日”；2009年12月1日，国务院下发了《关于加快发展旅游业的意见》，提出了要设立“中国旅游日”的要求；2011年3月30日，国务院常务会议通过决议，正式把5月19日确定为“中国旅游日”。设立“中国旅游日”旨在强化旅游宣传，培养国民旅游休闲意识，鼓励人民群众广泛参与旅游活动，提升国民生活质量，推动旅游业发展。

中国旅游日历年主题为：

- 2011年：读万卷书、行万里路；
- 2012年：健康生活、欢乐旅游；
- 2013年：休闲惠民，美丽中国；
- 2014年：文明旅游，智慧旅游；
- 2015年：新常态、新旅游；
- 2016年：旅游促进发展，旅游促进扶贫，旅游促进和平；
- 2017年：旅游让生活更幸福；
- 2018年：全域旅游，美好生活。

我对农业文化遗产旅游的认识①

元旦刚过，就收到了孙业红博士从美国发来的书稿，并邀请为之作序。我深知，无论是学术水平还是社会影响，都还远未达到为别人著作作“序”的程度。但基于以下几个方面的原因，对孙业红博士的这个邀请，我还是答应了。

原因之一是对孙业红博士的了解。孙业红是最早跟随我开展农业文化遗产研究工作的学生，早在2005年就以客座研究生的身份进入我们的团队中（其实当时远谈不上“团队”）。还记得成升魁研究员把她介绍给我的时候，对她很是夸奖：学业突出，完成了硕士基础课程的学习，而且各门功课都很优秀；已有一定的研究积累，硕士一年级就有两篇文章被接收；外语很好，特别是口语水平远高于硕士生的水平；工作能力很强，担任着学生会的工作并参与了学校有关活动的组织。最缺人的时候，遇到了这样的学生，至今认为十分幸运。客座研究生、博士研究生、博士后研究阶段，孙业红博士一直参与农业文化遗产工作，并完成了针对系统性农业文化遗产保护的国内第一篇硕士论文、第一篇博士论文和第一份博士后研究报告。截至目前，虽然她已成为北京联合大学非常出色的青年教师，但仍然属于我们的“团队”（目前真的有了一支较为稳定的“团队”）的重要成员。我一直认为，农业文化遗产保护事业之所以有目前的良好发展态势，孙业红博士这样一批优秀的年轻学人的陆续参与并持之以恒也是一个非常重要的因素。借此机会，我要对孙业红博士表示感谢！

原因之二是对本书的认识。初看书名，就很吸引人。10多年前，孙业红博士的研究是从“农业文化遗产旅游资源”角度开始的，之后又在农业文化遗产旅游发展规划方面做了一些工作，再之后又将触角渗入农业文化遗产旅游的社区参与方面。而这本以青年基金项目为基础的工作，选择目前我国唯一获得联合国粮

① 本文为《农业文化遗产地旅游社区灾害风险认知与适应》（孙业红著，中国环境出版集团2018年3月出版）一书所作的“序”，编入本书时增加了题目，并略作文字上的修改。

农组织“全球重要农业文化遗产”和联合国教科文组织“世界文化遗产”双冠名的云南红河哈尼梯田作为案例，对农业文化遗产地旅游社区灾害风险认知及适应过程进行研究。无论是农业文化遗产、旅游社区，还是灾害风险认知、适应过程，都是相关学科领域研究的热点和难点。说实话，这是一个很大的挑战，可能也只有这样的年轻人才敢于尝试。我知道她申报的基金项目得到了批准，但在高兴与欣慰之后颇有些担心，担心这个项目如何才能完成。现在看来，当初的担心是多余的，系列高水平的论文和本书 3 章、4 章、5 章已经证明了这一点。从概念开发到模型构建，再到案例剖析，全面完成了项目设定的任务，更重要的是对于学科领域的有益探索。虽然在全书结构上以及重点问题的把握上、重要结论的提炼上还有值得商榷之处，但俗话说“孩子都是人家的好”，说明“灯下黑”可能是人之习惯，作为老师对自己的学生要求也往往过于苛刻。瑕不掩瑜，这本书还是很有价值，非常值得一读。我非常愿意为之“站台”，郑重向从事农业文化遗产保护的研究人员、工作人员和从事旅游发展的研究人员和工作人员推荐。

原因之三是想借本书出版之机谈点个人对于农业文化遗产旅游的粗浅认识。虽然是孙业红曾经的指导老师，而且还指导过另外两位博士生和博士后进行了农业文化遗产旅游发展潜力、社区参与方面的研究，虽然还兼任着地理资源所旅游规划研究与设计中心副主任，但对旅游确是真真切切的“门外汉”。基于 10 多年来对农业文化遗产工作的思考，特别是作为有机会到过我国所有的全球重要农业文化遗产地、国外近一半全球重要农业文化遗产地和我国一半的中国重要农业文化遗产地的“资深游客”，愿意分享一点对农业文化遗产地旅游发展的想法。

农业与旅游是“本”与“末”的关系。农业文化遗产是传统农业生产系统，农业文化遗产旅游是传统农业生产系统的功能拓展，农业文化遗产旅游开展的基础是农业生产，农业文化遗产旅游的终极目标应当是农业生产的可持续，只有农业生产这个“本”存在才有旅游这个“末”的更好发展。

农业文化遗产旅游是一个新型旅游业态。农业文化遗产旅游不是一般意义上的农业旅游、文化旅游、遗产旅游，而是三者的“集成”，兼具农业旅游、文化旅游、遗产旅游的多重特征，不能简单地套用农业旅游、文化旅游、遗产旅游的思路或做法，应当构建符合自身特点的研究范式和发展模式。

农业文化遗产旅游应当有益于当地居民。农业是否可持续、农村是否有活力，关键还是看农民是否愿意继续经营农业、是否愿意继续居住在农村，对于农业文化遗产更是如此。农业文化遗产的所有者是农民，保护主体是农民，保护受

益者自然也应当是农民。旅游作为一种“富民产业”，首先要“富”的应当是、也必须是“民”。

*农业文化遗产旅游发展的底线。*农业文化遗产地发展旅游应当坚守几个底线，那就是不因为旅游发展而改变传统乡村景观、传统农耕方式、传统农作品种、传统民俗习惯。

当然，这些只是想法，希望有关学人针对这些问题开展系统的研究。

与世界自然与文化遗产的发展相比，农业文化遗产的发掘与保护工作尚处于“初级阶段”。但不能否认的是，我们正处于一个难得的“历史机遇期”，国际是如此，国内更是如此。让我们一起响应我的导师李文华院士的号召：共同“拥抱农业文化遗产的春天”。

“科学性解说”是遗产旅游科学发展不可忽视的一个方面[①]

因为工作的关系，笔者去过不少世界遗产地，其中最难忘的是 2005 年 7 月 28 日参观西藏大昭寺，当时是一位喇嘛为我们解说。他博古通今，短短的一个多小时里，他不仅全面介绍了大昭寺的历史与地位、寺内的文物、重要的佛事活动，最重要的是在讲解过程中，它将藏传佛教的科学性进行了诠释，将之与当今倡导的民族团结、科学发展、生态文明、和谐社会紧密联系起来。而且在其讲解过程中，很少使用“据说”“相传”等模糊表述，而是准确地给出历史年代、历史事件。

他的讲解给我的一个启发就是，旅游不仅是观光、休闲、体验，更是一种认知、学习，而认知、学习的功能实现就要求旅游发展要以科学为基础。

曾经有人开玩笑地说，世上有几种人的话不能相信，其中之一就是导游的话。这里倒不是说导游如何去“忽悠”人，不能让人相信，而是说许多地方导游在对旅游景点的介绍中缺乏科学性，笔者就曾经深受其害。

2007 年，我到黔东南一个地方去考察时，看到当地森林保护很好，很为那里的人所普遍存在的生态保护观念而惊讶。导游指着村口几棵大树说，这里的人崇拜树木，以树为神，每个人一生都有最重要的三棵树，即生命树、消灾树和常青树。笔者信以为真，直言可以写入生态保护教材。但不久之后与一位学者型官员谈及此事时，他直言相告，当地人的确十分爱护树木，但所谓每个人的“三棵树”则是旅游策划者杜撰而来。

这使笔者想到在一次评审会上，一位管理部门领导对某地质公园旅游发展规划的批评：“我们有那么多的地质的、生物的、文化的研究成果，为什么不能对于一些地质结构和地质现象，给游客点科学的解释？”像“猪八戒背媳妇”这样

① 本文原刊于《旅游学刊》2012 年 27 卷 6 期 9 页。

的解说，我至少在10多个地方听过！的确，许多地方的旅游发展往往忽视旅游地的科普教育功能，为取悦游客，随意“望形生义”，或者杜撰一些所谓的“传说”。笔者认为，解说的非科学性将严重阻碍旅游业的可持续发展。

要改变这种状况，需要多方努力，最重要的是抓好两个方面的工作。首先是重视旅游地的科普教育功能，提高“导游词”的科学性。对于世界遗产地的旅游更是如此。“导游词”的编写应当充分吸收自然科学与人文科学研究的成果，或者聘请有关领域的科学家参与到“导游词”的编写中。力求使用规范的科学术语，用科学的语言进行表述，甚至不回避科学史上的争论。既不让游客感到枯燥，又不违背科学事实，力求将艺术性的语言与科学上的事实统一起来。

其次是加强导游队伍建设，大力提高导游的科学素质。对于导游的培训，不仅是一般性的文化知识、景点的固有程式的介绍，应当聘请相应学科（如地质学、生态学、生物学、地理学、人类学、建筑学等）的专家进行授课。对于世界遗产这样较为特殊地区的旅游，应当探索由旅游管理部门、遗产管理部门和相应全国性学会联合发放“专业导游证”的方式，适当吸纳来自相关专业的学生通过旅游管理的培训后充实到导游队伍中，或者对优秀的旅游专业人才进行相关专业的培训。

世界遗产不仅是最为优质、最具潜力的旅游资源，同时又是一所所天然的“实验室”“博物馆”。世界遗产旅游的科学发展内涵极为丰富，不仅需要科学的规划、科学的管理，还应注意旅游发展过程中“科学性”的提升，而其中科学性解说就是一个重要方面。愿世界遗产能真正成为具有世界水平的科普教育基地，愿每一位游客都能够享受到导游对世界遗产这一系列“天书”的科学解读。

中国重要农业文化遗产发掘：农业文化遗产保护传承利用与发展的新探索①

我国与农业文化遗产有关的研究已有近百年的历史，尽管不同时期名称与研究的侧重点有所不同，许多重要农业遗址作为文物保护单位而受到保护，许多传统农耕知识与技术得到挖掘与整理，但真正开展以系统性、活态性、多功能性等为主要特征的农业文化遗产研究与保护工作，还是得益于联合国粮农组织全球重要农业文化遗产项目。作为我国执行全球重要农业文化遗产保护项目的成果之一，就是中国重要农业文化遗产发掘与保护工作。

2012 年 3 月 13 日，农业部正式发文开展中国重要农业文化遗产发掘工作。经过地方申报、专家评审、确定候选地、充实完善有关保护与管理措施、实地检查等步骤，第一批中国重要农业文化遗产于 2013 年 5 月 2 日进行公示，5 月 9 日正式公布，5 月 21 日在北京举行发布活动。19 个传统农业系统入选第一批中国重要农业文化遗产，这些遗产具有悠久的历史渊源、独特的农业产品、丰富的生物资源、完善的知识技术体系以及较高的美学和文化价值，在活态性、适应性、复合性、战略性、多功能性和濒危性等方面具有显著特征。

随着第一批中国重要农业文化遗产的正式公布，不仅使我国成为世界上第一个开展国家级农业文化遗产发掘与保护的国家，也标志着具有中国特色、符合农业文化遗产特点的“政府主导、科学论证、分级管理、多方参与”的农业文化遗产保护机制逐渐完善，并将对我国农村生态文明建设、农业文化传承与发展、农业可持续发展和国际农业文化遗产保护工作起到重要的推动作用。

我国具有悠久灿烂的农耕文化历史，加上不同地区自然与人文的巨大差异，创造了种类繁多、特色明显、经济与生态价值高度统一的重要农业文化遗产。这些都是我国劳动人民凭借着独特而多样的自然条件和他们的勤劳与智慧，创造出

① 本文原刊于《农民日报》2013 年 5 月 24 日第 4 版。

的农业文化典范，蕴含着“天人合一”的哲学思想，具有极高的历史文化价值与丰富的生态文明内涵。但是，在经济快速发展、城镇化加快推进和现代技术应用的过程中，由于缺乏系统有效的保护，一些重要农业文化遗产正面临着被破坏、被遗忘、被抛弃的危险，急需发掘与保护。

中国重要农业文化遗产是指人类与其所处环境长期协同发展中，创造并传承至今的独特的农业生产系统。开展中国重要农业文化遗产的发掘、保护、传承和利用工作具有重要的意义，是贯彻落实中共中央十七届六中全会精神，弘扬中华农业文化，促进农业与农村文化大发展、大繁荣，增强国民对民族文化的认同感、自豪感的重要举措；是发掘传统农业的生态内涵，保护农村生态环境与农业生物多样性，促进农村生态文明建设与美丽乡村建设的重要途径；是发掘传统农业的文化价值，促进多功能农业与可持续农业发展，破解生态环境脆弱、文化积淀深厚、经济发展落后地区“三农”难题，实现农业增效、农民增收、农村繁荣的重要探索；是完善农业文化遗产保护体系，接轨世界农业文化遗产工作，促进世界农业文化遗产保护，宣传中国农业文化遗产保护经验，实现农业“走出去”战略的重要内容。

《中国重要农业文化遗产申报书》编写指南[1]

按照农业部的有关文件，《中国重要农业文化遗产申报书》（下称《申报书》）是申报中国重要农业文化遗产的必备材料之一。尽管在文件中给出了申报模板，但由于以活态性、复合性、多功能性等为主要特点的农业文化遗产毕竟还是一个全新的概念，加上农业文化遗产保护工作开展不久，一些地方在申报时往往理解不够深入而造成《申报书》编写不规范或者内容过于简单，甚至申报内容偏离农业文化遗产的主题。笔者根据自己的认识并结合近几年工作经验，对《中国重要农业文化遗产申报书模板》进行逐条阐释，以供编写者参考。

《申报书》的基本结构：《申报书》基本框架包括三部分内容：概要、正文（包括5个方面）和附件。

关于“概要”部分的编写：“概要”简要介绍项目情况，具体包括5部分：一是“农业文化遗产名称”，采用“（县及以上）地名+（重要地理单元名称）+农业系统”命名，避免使用地方名特产品直接命名；二是“范围”，以地理坐标方式准确给出遗产地的范围，并描述所涉及的行政区域；三是“主要特点价值”，简要介绍该农业系统的基本结构、特征与保护意义；四是“申请者”，明确申报主体，一般为遗产所在地县级或以上人民政府；五是“责任者”，明确本遗产保护与管理的主要责任部门（一般为农业管理部门）、主要合作单位（遗产所在地基层政府以及文化、旅游、环保等部门）与技术支持单位（对该遗产地及其保护与管理有较为系统研究的科研单位、高等学校或社团组织）。

关于“正文”部分的编写：“正文”由五大部分构成。一是“遗产地概况”，重点阐述该遗产所在地的基本情况，一般包括以下三部分：“区域范围”中要给出明确的地理坐标和涉及的行政区域；“自然条件”中简要介绍该区域范围内的气候特征、土壤背景、生态环境条件，特别是对该遗产产生重要影响的自然因

① 本文原刊于《农民日报》2013年7月5日第4版。

素；“社会经济状况”中简要介绍遗产所在地区的经济结构与发展水平，特别关注农业生产状况与经济贡献，并简要分析人口组成、劳动力结构状况、民族成分。

二是“遗产特征”，这是《申报书》的核心内容，特别注意应当从农业文化遗产的基本特点出发进行阐述。具体包括9部分：“起源与演变历史”主要阐述该遗产的起源与发展变化的历史脉络，注意要以科学考证为基础；“农业特征”中，从农林牧渔等主要与关键性品种类型、种养殖制度等角度详细介绍遗产系统的农业特征；“生态特征”中要详细介绍系统中的农业生物多样性与相关生物多样性，注意生物名称的科学化与规范化，阐明主要的生态环境问题；“景观特征”主要介绍该系统的自然与人文景观结构特征；“技术体系”介绍该系统所涵盖与涉及的主要传统农耕、水土资源管理、生态环境保护与自然灾害防御技术；“知识体系”介绍该系统中的生物多样性保护与利用、水土资源合理利用以及确保系统稳定演进的传统知识与乡规民约，要以扎实的田野调查和科学分析为基础，严禁杜撰；“文化特征”重点介绍该遗产所涵盖或涉及的地方特色农耕文化表现形式，如节庆、习俗、饮食、服饰、建筑等，并分析与农业文化遗产核心要素的关系；“创造性”中要明确指出该系统所蕴含的能够体现人与自然和谐、资源持续利用等方面的独特创造；“独特性”则是通过与国内相同或类似的系统比较后得出的技术、知识、物种、产品、景观等方面的独特性。

三是“遗产功能与重要性评估”，这也是极为重要的一部分，需要在全面调查的基础上，以文献学、生态学、地理学、经济学等为基础，利用定性与定量相结合的分析方法，科学评估该遗产的多功能性与保护的重要性。包括5部分：“物质与产品生产”中阐述该系统的主要农产品及其特色，分析在保障当地居民的粮食与食物安全和生计安全、原料供给、人类福祉方面的价值以及对农民收入、地方经济的贡献；“生态系统服务”部分需要利用生态经济学方法，分析该系统在遗传资源与生物多样性保护、水土保持、水源涵养、气候调节与适应、气象灾害规避、病虫草害控制、养分循环等方面的功能与价值；“文化传承”中重点分析该系统在社会组织、精神、宗教信仰、生活和艺术以及和谐社会建设方面的价值；“多功能农业发展”的部分，需要从农业多功能性出发，并结合遗产地所处的自然生态环境与经济发展比较优势，分析该系统在促进地方农业增产增效、农民就业增收、农村稳定繁荣方面的价值，以及在发展休闲农业和乡村旅游方面的资源潜力、维持生态安全的作用和科学研究等方面的功能与价值；“战略意义”重点分析该系统及所涉及的生物、文化、技术、知识、景观等在生态文明建设、美丽中国与美丽乡村建设、社会主义新农村建设以及农业可持续发展方面的重要性。

四是“威胁、挑战与机遇”。重点从该系统内外部两方面分析长期维持及在当前经济社会发展和生态环境压力背景下的问题与挑战。包括三部分：“主要问题”中重点从该系统所包含的生物、文化、技术、知识、景观以及主要产品和服务、社会与经济等出发，分析在长期稳定维持、结构与功能变化、对生态、环境、气候等变化的适应能力等方面所存在的主要问题；“主要挑战”中重点分析经济全球化、全球变化、外来生物入侵等的影响，以及随着市场化、城镇化、工业化、现代农业技术等对该系统稳定所产生的影响；“发展前景”中重点从国家与地区发展政策、生态文明建设与美丽中国建设、粮食安全与食物安全保障、生态环境改善与可持续发展等方面，分析该系统未来保护与发展的机遇和前景。

五是“保护与发展措施”，从两部分展开：“已采取的措施”中着重从基础调查、科学评估与价值挖掘等方面介绍所开展的基础性工作，从制度建设、规划编制与实施、人才与资金投入、基础设施建设等方面介绍所开展的管理工作，从科普、宣传、培训、群众参与等方面介绍所开展的能力建设工作，从特色产品开发、品牌认证、休闲农业与乡村旅游发展等方面介绍所开展的利用工作；“拟采取的措施”中，则从上述方面提出拟进一步开展的工作。

关于“附件”部分的编写：“附件”也是非常重要的内容，包括两个方面。其一，“基础图件”分为三大类：一是区位图、地形图、系统结构图、功能分区图，二是特色物种、产品、农具与景观、文化以及保护与利用活动的图片或照片，三是综合反映该农业文化遗产的视频宣传片。其二，“证明材料”主要指与该遗产相关的以产品、技术、景观、文化等为核心所获得的荣誉、奖励、认证以及科学研究成果。

其他需要注意的事项：一是需要全面理解“中国重要农业文化遗产”的概念与内涵。“中国重要农业文化遗产”有着明确的定义，即“人类与其所处环境长期协同发展中，创造并传承至今的独特的农业生产系统，这些系统具有丰富的农业生物多样性、传统知识与技术体系和独特的生态与文化景观等，对我国农业文化传承、农业可持续发展和农业功能拓展具有重要的科学价值和实践意义。”显然，这一由农业部门主导的工作与传统的农业考古、农业历史和农业民俗等研究有所不同，不能简单地将其理解为文物、遗址或非物质文化遗产，也不能简单地将其理解为地方名特优产品。

二是需要全面关注评选标准。“基本标准”包括历史起源和历史长度在内的历史性，物质与产品、生态系统服务、知识与技术体系、景观与美学、精神与文化在内的系统性，自然适应、人文发展在内的持续性，以及变化因素、胁迫因素在内的濒危性；“辅助标准”包括参与情况、可进入性、可推广性在内的示范性，和组织建设、制度建设、规划编制在内的保障性。

三是要强调科学性防止杜撰。特别是对历史与演变要有科学考证，对功能与价值要有科学评估。

《农业文化遗产保护与发展规划》编写指南[①]

《农业文化遗产保护与发展规划》（以下简称《规划》）是联合国粮农组织全球重要农业文化遗产（GIAHS）保护试点申报和农业部中国重要农业文化遗产（China-NIAHS）申报所要求的必备材料，同时也是农业文化遗产得以有效保护与可持续发展的基础。但目前国内外尚没有明确的关于农业文化遗产保护与发展规划的规范性文件，笔者依据农业文化遗产的概念、特点与保护要求，并结合近几年在实际工作中的思考，提出以下基本框架，供各地编制规划时参考，也借此求教于有关专家。

《规划》包括正文和附录两部分。其中，“正文”部分包括12章。

第一章为“总则”。从国内外进展与要求并结合遗产地保护与发展的要求阐述规划背景；以对农业文化遗产保护与发展具有指导、约束、参考的国际公约、法律法规、政策性文件、政府与部门规划和其他相关文件为基础的规划依据；包括科学性、前瞻性、代表性与实用性等内容的规划原则；涵盖短、中长期时间段的规划时限；说明规划编制思路、方法与流程的规划技术路线。

第二章为“遗产特征与价值”。在实地调查、文献调研、专家咨询的基础上，从起源与演变、系统结构、系统特征等方面阐述遗产地的基本特征；从生态、经济、社会、文化、科研、示范、教育、独特性等方面分析遗产的核心价值；在此基础上阐述保护的必要性、重要性与紧迫性。因为申报书中这一部分有详细介绍，在《规划》中宜从简。

第三章为“保护与发展的优势、劣势、机遇与挑战”。在实地调查、文献调研、专家咨询的基础上，分析遗产保护与发展的优势、劣势、机遇、挑战。

第四章为“保护与发展的总体策略”。提出保护与发展的总体目标与阶段目标；阐述“保护优先、适度利用，整体保护、协调发展，动态保护、功能拓展，

① 本文原刊于《农民日报》2013年2月22日第4版。

多方参与、惠益共享”的保护与发展原则；给出保护区地理坐标和所涉及的自然区域与行政区域范围，并从保护与发展的角度进行功能区划分。

第五至第七章为“保护”规划部分。其中，第五章为“农业生态保护”，从生物多样性、农田生态环境、农村生态文明、资源循环利用与可持续管理、生态系统结构与功能等方面，按照规划时段的划分，确定农业生态保护的基本目标、主要内容与具体措施及行动计划；第六章为“农业文化保护”，从遗址、古建等物质性和传统知识、传统技艺、乡规民约、民俗节庆、民间艺术等非物质性文化遗产等方面，按照规划时段的划分，确定农业文化保护的基本目标、主要内容与具体措施及行动计划；第七章为“农业景观保护”，从农、林、水、草等生态景观和村落、古建等文化景观方面，按照规划时段的划分，确定农业景观保护的基本目标、主要内容与具体措施及行动计划。

第八章、第九章为“发展”规划部分。其中，第八章为“农业生态产品发展”，从基地建设、生产加工、品牌打造、产品认证、产业延伸、市场开拓、产品与产值等角度，按照规划时段的划分，确定农业生态产品发展的基本目标、主要内容与具体措施及行动计划；第九章为“可持续旅游发展”，从景点与线路设计、接待设施、品牌打造、产品设计、解说与指示、市场营销、社区参与、游客与产值、与相关旅游资源的融合等方面，按照规划时段的划分，确定可持续旅游发展的基本目标、主要内容与具体措施及行动计划。

第十章为“能力建设”规划部分。从文化自觉、决策参与、经营管理等方面，按照规划时段的划分，确定能力建设的基本目标、主要内容与具体措施及行动计划。

第十一章为“风险与效益”。通过趋势分析、情景分析、对比分析等方法，分析自然条件、政策影响、管理失效、文化冲击、观念改变、市场变化等方面可能的情况，并提出规避策略；从生态文明意识、生物多样性、农田生态环境、生态系统服务功能、生态系统的稳定性、资源消耗、减缓与适应气候变化等角度分析规划实施的生态效益；从产业结构调整、农业多功能拓展、农业增效、农民增收、农村经济发展、市场开拓、市场波动应对、经济系统的稳定性等角度分析规划实施的经济效益；从社会影响、文化自觉与自信、农村就业、农产品安全、贫困缓解、妇女地位提高、农村社会和谐、生计安全、文化传承、社会系统的稳定性等角度分析规划实施的社会效益。

第十二章为“保障措施”。分别从制度保障、组织保障、技术保障、资金保障四个方面进行阐述。

“附录”部分主要为图件与规划说明。其中图件主要包括区位、地形、土地利用、功能分区、农业生态保护布局、农业文化保护布局、农业景观保护布局、农业生态产品发展布局（基地建设、产品加工）、可持续旅游发展布局图等。

中国重要农业文化遗产申报中的问题与建议[①]

中国是农业古国，不仅是稻作文化、粟作文化、茶文化、淡水养殖等的发源地，而且还创造并发展了农田复合种植、山地梯田开垦、低洼地综合利用、草原游牧、水土资源管理、农林牧结合、稻鱼共生、桑基鱼塘等生态农业技术体系和乡村生态文化景观。这些悠久历史、蕴含丰富生态哲学思想的农耕文化智慧，是中华优秀文化的重要组成部分，支撑了中华民族世代延续和发展，为世界农业发展贡献了中国智慧，也为现代生态农业发展奠定了基础，至今依然具有重要的现实意义。

作为中国执行全球环境基金（GEF）项目“全球重要农业文化遗产（GIAHS）动态保护与适应性管理——中国试点”内容的一部分，同时也是落实中共中央十七届六中全会通过的《中共中央关于深化文化体制改革、推动社会主义文化大发展大繁荣若干重大问题的决定》精神的重要举措，农业农村部（原农业部）于2012年3月正式启动了“中国重要农业文化遗产（China-NIAHS）”发掘工作，并分别于2013年6月、2014年6月、2015年10月、2017年6月分4批发布了91项中国重要农业文化遗产，目前正进行第五批的发掘工作。这一工作已经在推进我国优秀农耕文化保护与传承，建立我国农业文化遗产发掘与保护体系，促进农业与农村可持续发展等方面发挥了重要作用。

世界自然与文化遗产以及我国自然保护区、风景名胜区、文物保护单位等自然与文化类遗产的发掘与保护已有较长的时间，在申报与认定方面有较明确的规范，形成了一批支撑性技术团队。但中国重要农业文化遗产的评选工作时间较短，无论是概念与内涵的理解，还是标准与程序的掌握，乃至申报材料的编制及技术团队的建设等方面，都还存在着很多的问题。从历次申报情况看，第一次申报43项，批准19项；第二次申报42项，批准20项；第三次申报42项，批准

① 本文原刊于《遗产与保护研究》2019年第4卷第1期8-11页。

23 项；第四次申报 63 项，批准 29 项。总体通过率并不高。笔者负责或参与起草了几乎所有的相关文件，并全程主持或参与主持了全部评选过程，现就申报中存在的一些问题进行梳理，并提出针对性建议，旨在为农业文化遗产申报单位和参与申报材料准备的专家团队提供借鉴与参考。

1 遴选标准及主要申报材料

（1）概念、特点与遴选标准

与一般的自然与文化遗产不同，中国重要农业文化遗产是一种新的遗产类型。按照《农业部关于开展中国重要农业文化遗产发掘工作的通知》（农企发〔2012〕4 号），中国重要农业文化遗产是指“人类与其所处环境长期协同发展中，创造并传承至今的独特的农业生产系统，这些系统具有丰富的农业生物多样性、传统知识与技术体系和独特的生态与文化景观等，对我国农业文化传承、农业可持续发展和农业功能拓展具有重要的科学价值和实践意义。”并具有活态性、适应性、复合性、战略性、多功能性与濒危性等基本特点。《中国重要农业文化遗产认定标准》给出了遴选标准，包括 3 个层次。

（2）主要申报材料及要求

根据《中国重要农业文化遗产认定标准》及《中国重要农业文化遗产申报书模板》，中国重要农业文化遗产主要申报材料包括：《申报书》《保护与发展规划》《保护与发展管理办法》《承诺函》、图件、视频与其他证明材料。其中最为重要的是《申报书》和《保护与发展规划》。为指导中国重要农业文化遗产发掘这一全新工作，2013 年我们协助起草了《中国重要农业文化遗产申报书编写导则》和《农业文化遗产保护与发展规划编写导则》，并由农业部办公厅以“农办企〔2013〕25 号”的形式正式印发。

2 申报材料中的主要问题及原因

（1）《申报书》中的主要问题及原因

关于《申报书》的编写，在《中国重要农业文化遗产申报书编写导则》及笔者在《农民日报》2013 年 7 月 5 日第 4 版发表的《〈中国重要农业文化遗产申报书〉编写指南》中已有明确说明，评审过程中发现的主要问题如下。

一是“名称”不准确。常见的是直接使用地方名特产品、生产或加工工艺、相关农业民俗命名，主要是因为将农业文化遗产简单地等同于地方名特产品，而忽视了其系统性。地方名特产品有着重要的物种资源、种植技艺、地理环境基础，是农业文化遗产系统的重要组成要素，但不能代表“系统性”农业文化遗产的全部内容。例如，青田稻鱼共生系统中既包括了青田田鱼（国家地理标志产品）这一特色农产品，还包括稻田养鱼等传统生态农业技术、鱼灯舞（国家级非物质文化遗产）等民俗，以及森林—梯田—村落—水系的景观结构等。一开始，出现了“青田田鱼是农业文化遗产”“稻田养鱼是农业文化遗产”等错误认识，甚至有将“农业文化遗产”说成“农业非物质文化遗产”的情况。申报材料中还出现过“××北派腐乳文化产业保护系统”“植物染料文化产业基地”“传统栽秧会文化系统”等。

二是“范围”不清晰。没有按照要求以地理坐标与地图绘图方式，准确绘出遗产地的整体范围和核心保护区范围，并描述所涉及的行政区域。目前全球重要农业文化遗产的申报要求明确按照生态地理系统进行范围确定，力求避免简单地以行政区域代替生态地理区域。

三是“责任者”不完整。主要是因为简单地将农业文化遗产发掘与保护理解为农业部门的事，而没有上升到区域发展的高度。按照要求，应当明确本遗产保护与管理的主要责任部门（一般为农业管理部门）、主要合作部门（遗产所在地基层政府以及文化、旅游、环保等部门）与技术支持单位（对该遗产地及其保护与管理有较为系统研究的科研单位、高等学校或社团组织），但许多申报材料并没有给出主要合作部门与技术支持单位。

四是“遗产特征”部分描述不深入或不准确。这是主体内容，也是评选中最受关注的内容，要求对事实进行准确描述，并给出遗产系统的关键要素，为保护奠定科学基础。目前的主要问题是缺乏科学调查、严谨分析，以及对关键要素的准确描述。

在“起源与演变历史”中应主要阐述该遗产的起源与发展变化的历史脉络，应以科学考证为基础，通过研究文献加以佐证，避免以传说故事作为依据。

在“生态特征”中需要详细介绍系统中的农业生物多样性与相关生物多样性，涉及的生物应按科学规范命名。但许多申报材料或简单罗列，而难以把握本土性重要的农业生物资源，或多以地方性名称代替科学命名而难以进行更大范围的交流。

“技术体系”与“知识体系”中需要阐述的内容包括：该系统所涵盖与涉及的主要传统农耕、水土资源管理、生态环境保护与自然灾害防御技术；生物多样性保护与利用；水土资源的合理利用；确保该系统稳定演进的传统知识与乡规民约。这些都需要以扎实的田野调查和科学分析为基础，避免杜撰，但许多申报材料没有分清“传统技术与知识”和“现代技术与知识”的差别，自然就无法给出需要保护的关键内容。

“文化特征”需要重点介绍该遗产所涵盖或涉及的地方特色农耕文化表现形式，如节庆、习俗、饮食等，并分析它们与农业文化遗产的关系。但许多申报材料普遍缺乏与农业生产关系的分析，甚至把近些年政府或企业主导的文化活动罗列进去。

“创造性”与“独特性”要明确指出该系统所蕴含的能够体现人与自然和谐、资源持续利用等方面的独特性创造，并与国内相同或类似系统进行对比研究，得出技术、知识、物种、产品、景观等方面的差异。这也是许多申报材料所欠缺的。

五是“遗产功能与重要性评估”不科学。需要在全面调查的基础上，结合文献学、生态学、地理学、经济学等学科，利用定性与定量相结合的分析方法，科学评估该遗产的多功能性与保护的重要性。目前存在的问题：一是与前面的“特征分析”重复，没按要求进行“功能与价值”的重点阐述；二是没有区分传统农业生产系统与现代农业农村发展的差别，甚至对农民外出打工，以及与农耕文化没有多少关系的工业就业人群进行分析；三是简单照搬生态系统服务分析的思路，缺乏对该系统主要生态服务功能的分析；四是在“价值与意义”分析中，缺乏对地区性问题的认识，没有明确阐述农业文化遗产对于解决这些问题的价值与作用。

(2)《保护与发展规划》中的主要问题及原因

《保护与发展规划》是申报的必备材料，同时也是农业文化遗产得以有效保护与可持续发展的基础。尽管《农业文化遗产保护与发展规划编写导则》有了较为详细的阐述，笔者也以《〈农业文化遗产保护与发展规划〉编写指南》为题，在《农民日报》2013 年 2 月 22 日第 4 版专门作过介绍，但在评审中依然发现有不少问题。

一是“优势与劣势、机遇与挑战”部分分析过于笼统。这是一个重要内容，需要从该系统内部长期稳定维持，以及在当前经济社会发展和生态环境压力下面临的外部挑战这两方面进行阐述，内容涉及生物、文化、技术、知识、景观，以及主要产品和服务、社会与经济等。这一部分旨在：分析该系统如何维持长期稳定状态，如何应对内外变化因素带来的结构与功能变化，如何适应生态、环境、气候的变化等；分析经济全球化、外来生物入侵等情况，以及随着市场化、城镇化、工业化、现代农业技术等对系统稳定所产生的影响；从国家与地区发展政策、生态文明建设、美丽中国建设、粮食安全与食物安全保障、生态环境改善与可持续发展等方面，阐述该系统未来保护发展的机遇和前景。目前许多申报材料多是以往文本的“简单照搬”，鲜有针对性分析，但事实上不同地区、不同遗产类型面临的问题肯定是不一样的。

二是“保护与发展措施”不明确，难以操作和检查。这也是很重要的内容，建议从农业生态、农业文化、农业景观角度阐述现状、目标与措施，从生态农产品开发、休闲农业发展角度阐述现状、目标与措施，从文化自觉、经营管理角度阐述现状、目标与措施。但从评选情况看，一是“现状”或“基线”不清楚，二是“目标”不明确，三是“措施”不具体，难以实际操作和检查。究其原因，主要是因为规划编制人员基础调研不够，没有深刻领会农业文化遗产的概念、内涵与保护要求，没有深入了解申报项目的系统性特征和保护的关键要素，没有准确把握地区发展特点和国家相关政策对遗产地的作用，规划编制过程中缺乏地方参与，没有将农业文化遗产的保护与发展和相关部门的规划相衔接，遗产核心地农民没有广泛参与和充分的意愿表达。

3 建议

一是农业文化遗产是一个新的遗产类型，中国重要农业文化遗产申报是一项新的工作，需要有关地方政府、行业部门准确把握和清晰认识农业文化遗产的概念、内涵、特点与保护要求，摒弃农业文化遗产仅仅是农业部门或文化部门的行业性任务，树立农业文化遗产的系统观。

二是农业文化遗产申报材料编写是专业性很强的工作，需要专业队伍支持，且因农业文化遗产涉及的范围较广，这支队伍应由多学科专家组成。

三是在申报材料的编写过程中，不仅要重视格式的规范，还要重视内容的科学和严谨：开展必要的基础性调查；进行相关专题性研究；重视规划编写过程中的“利益相关方参与性”，包括不同部门、遗产地居民、相关企业的参与；重视与地方规划的融合，以确保整体方案的可操作性、可检查性。

积极开展农业文化遗产普查与保护[①]

2016 年 1 月 27 日,《中共中央国务院关于落实发展新理念加快农业现代化实现全面小康目标的若干意见》正式发布。值得注意的是,“开展农业文化遗产普查与保护”第一次出现在中央一号文件中。

我国是最早响应并积极参与联合国粮农组织全球重要农业文化遗产保护的国家之一。中国的农业文化遗产保护经验受到了国际社会的广泛关注,中国的科学家和农民代表先后受到粮农组织的表彰,中国政府的大力推动使全球重要农业文化遗产成为粮农组织的一项业务工作。同时,农业文化遗产发掘与保护也极大地提高了全社会对于农业文化遗产及其保护重要性的认识,促进了遗产地生态保护、文化传承与社会经济可持续发展。

在中央一号文件中明确提出“开展农业文化遗产普查与保护”,既表明了党和国家对农业文化遗产发掘与保护工作的高度认可,也指出了当前农业文化遗产工作的重点。值得注意的是,尽管我们的农业文化遗产发掘与保护取得了显著成绩,但仍然存在着概念与内涵认识不清、底数与濒危状况不清、保护与发展动力不足等问题,需要进行深入的思考和有效的解决。

思考之一:开展农业文化遗产普查与保护,应当深刻认识农业文化遗产的概念与内涵。在《重要农业文化遗产管理办法》中明确指出:农业文化遗产是“我国人民在与所处环境长期协同发展中世代传承并具有丰富的农业生物多样性、完善的传统知识与技术体系、独特的生态与文化景观的农业生产系统。”

农业文化遗产的特点突出表现在活态性、动态性、适应性、复合性、战略性、多功能性、可持续性与濒危性等几个方面。与一般意义上的自然与文化遗产或以前农业历史与农业考古研究中的农业遗产的概念不同,农业文化遗产是人类与其所处环境长期协同发展中创造并传承至今、依然具有生产功能的独特的农业

① 本文作者为闵庆文、刘某承、焦雯珺,原刊于《农民日报》2016 年 3 月 5 日第 3 版。

生产系统；悠久的历史渊源、独特的农业产品、丰富的生物多样性、完善的知识与技术体系、较高的美学和文化价值以及独特的民俗文化，使其内涵更为丰富；农业文化遗产不仅是农耕文化的“历史记忆”，更是当今和未来农业可持续发展的“智慧源泉”。

*思考之二：开展农业文化遗产普查与保护，应当科学把握保护农业文化遗产与发展现代农业的关系。*工业化农业是农业发展的一个重要阶段，在提高产量、保障供给、解放劳动力、提高经济效益与经营效率等方面取得了很大成绩，但也带来了农业生态系统退化、生物多样性减少、资源与能源消耗过度、总体效益下降等问题。人们越来越深刻地认识到，真正可持续发展的现代农业，应当是生物、工程、信息、管理等现代科学技术与整体、协调、循环、再生等传统生态农业思想相结合的，环境友好、资源节约、产品安全、效益显著的生态循环农业。

农业文化遗产是传统农业的精华，具备整体、协调、循环、再生等系统特征，蕴含着丰富的生物多样性、传统的资源管理知识以及适应性的生产技术，表现出巧夺天工的景观设计。因此，“在发掘中保护、在利用中传承”农业文化遗产，不仅是对生态脆弱、经济落后、文化底蕴丰厚地区农业可持续发展途径的有益探索，也是为现代农业发展保留弥足珍贵的生物基因、技术基因和文化基因。

*思考之三：普查是开展农业文化遗产保护的基础性工作，应当重点做好总体设计、统一实施、科学分析、系统集成四项基本工作。*农业文化遗产普查不是一项简单的行政工作，而是一项系统性的技术工作。

首先，要做好总体设计，科学编制普查方案。普查对象是“活态的”传统农业生产系统，因此，应当以联合国粮农组织全球重要农业文化遗产和农业部中国重要农业文化遗产的定义和遴选标准为基础。要明确作为农业部门一项重要工作的农业文化遗产和文物、文化、住建等部门已经开展的农业遗址、农业民俗和传统村落普查与保护工作的区别与联系，也应当明确与农业历史与考古研究中的古农书、古农具及其技术与文化的区别和联系。在充分研讨和科学论证基础上，编制普查标准、导则、指南与行动计划。普查信息表设计，应从遗产系统及其组成要素出发，以种植业、林果业、畜牧业、渔业及其复合系统为重点，融入资源利用与生态保育等知识与技术体系及农业生态文化景观等要素。

其次，要做好统一实施，有效组织普查活动。在农业部的统一管理下，由其重要农业文化遗产专家委员会为基础，建立自上而下布置、自下而上集成的普查方法，组织一支涵盖相关学科、由有关科研人员和农业管理人员组成的技术队伍，做好组织培训、试点普查工作，再开展全面普查，确保第一手资料与信息（包括图片与影像）的收集。

再次，要做好科学分析，确保普查信息完整。普查不仅是简单文字、数据、图像信息的罗列，更是系统特征的全面反映。应提高普查的科学性与成果的应用性，在基础信息收集的同时，开展对系统特征与空间分布的分析，历史演变及影响因素的分析，多种功能与多元价值的分析，以及稳定性、濒危性与保护紧迫性的分析，力求全面摸清农业文化遗产家底。

最后，要做好系统集成，全面展示普查成果。普查成果应以图件、可视化数据库等多样化的方式呈现，需要建立包括基础地理、历史文化、生态环境、社会经济等基础信息在内的农业文化遗产数据库，编制农业文化遗产名录和分布图，完成农业文化遗产专题研究报告。同时，借助普查工作推动发掘与保护工作，通过固定和巡回等方式开展专题展览，以在全社会形成保护农业文化遗产的良好氛围。

思考之四：农业文化遗产保护，应当重点解决为何保护、保护什么、谁来保护、如何保护四个关键问题。

关于“为何保护”，主要是因为农业文化遗产所具有的多重价值。主要包括生态与环境价值、生计与经济价值、社会与文化价值、科研与教育价值以及示范与推广价值等方面。

“保护什么”与农业文化遗产的内涵有关。农业文化遗产的保护对象是一个活态的、复合的、有适应能力的、有战略意义的、有多种功能的、有濒危性的系统，因此，保护的是传统农业生产系统的所有组成要素，既包括品种资源、传统农具、传统村落、田地景观等物质部分，也包括传统知识、民俗文化、农耕技术、生态保护与资源管理技术等非物质部分。

“谁来保护”是一个值得注意的问题。农业文化遗产是先民创造、世代传承，其所有者应当是依然从事农业生产的“农民”，他们理应成为最主要的保护者和受益者。但必须看到，之所以要对农业文化遗产进行保护，正是因为它在现今条件下处于“濒危”状态。如果仅靠农民进行保护，不仅难以实现保护目标，而且把属于全人类共有共享的“遗产保护”重任压到本就处于弱势群体的农民身上也是不公平的，应当建立以政府推动、科技驱动、企业带动、社区主动、社会联动为核心的“五位一体”的多方参与机制。

“如何保护”是需要不断探索的问题。一是应当确立农业文化遗产保护的基本原则，即“保护优先、适度利用，整体保护、协调发展，动态保护、适应管理，活态保护、功能拓展，现地保护、示范推广，多方参与、惠益共享”；二是应当建立以生态补偿与文化补贴为核心的政策激励机制；三是应当建立以农业生产为基础，以农产品加工业、食品加工业、生物资源产业、文化创意产业、乡村旅游产业为主要内容的“五业并举”的产业促进途径，以实现农业文化遗产的功能拓展与动态保护。

农业文化遗产保护强调的是“动态保护”与“适应性管理”，既反对缺乏规划与控制的“破坏性开发”，也反对僵化不变的“冷冻式保存”。通过保护，希望能使农业文化遗产地成为开展农业科学技术研究的平台、展示传统农业辉煌成就的窗口、发展生态循环农业的生物与文化“基因库”、生态文化型农产品的生产基地和休闲农业与乡村旅游发展的主要目的地。

摸清家底是农业文化遗产保护的基础[①]

我有个心结，就是2014年申请的项目没有被批准。

2014年5月，农业部办公厅发布《2015年度农业部科研任务（专项）申报指南》。令人兴奋的是，其中有一项题目为“传统农作模式与农业技术遗产挖掘整理”。因为与一直希望进行的农业文化遗产普查工作十分吻合，迅即组织申请工作。后经专家组评议，确定我为该项目的主持人，主要成员来自14个单位。随后我便组织项目组成员进行《项目建议书》以及《实施方案》与《预算》编写。我们确定的项目总体目标是：拟用5年时间，编制农业技术遗产中“农业系统遗产”部分调查指南，建立农业技术遗产基础数据平台，开发综合管理系统，编制集政策与技术在内的农业技术遗产动态保护指南；全面调查北京、天津、河北、辽宁、吉林、陕西、宁夏回族自治区（全书简称宁夏）、青海、西藏自治区（全书简称西藏）共9个省（区、市）的传统农作模式与农业技术遗产，并在天津、河北、辽宁、陕西和甘肃建设6个农业技术遗产保护与利用示范点，促进农业遗产的动态保护与适应性管理、多功能拓展与可持续利用以及遗产地的农业、农村与农民的可持续发展。评审专家认为“该项目总体思路清晰，目标明确，技术路线和主要研究内容合理。”

十分遗憾的是，该项目虽然通过了农业部组织的专家评审、科技部组织的项目查重，但最后并没有被批准。

尽管这个项目没有被批准，但我依然认为农业文化遗产普查这一基础性工作对于农业文化遗产发掘、保护、传承和利用中的重要意义，并利用各种可能的机会呼吁有关部门尽快开展这一工作。

一年多以后迎来了新的机遇。2016年中央一号文件，即《中共中央国务院

---

① 本文为《北京市农业文化遗产普查报告》（闵庆文、阎晓军主编，中国农业科学技术出版社，2017）一书“前言”，题目为新知。

关于落实发展新理念加快农业现代化实现全面小康目标的若干意见》，明确提出了“开展农业文化遗产普查与保护”的任务。在中央一号文件中明确提出“开展农业文化遗产普查与保护”，既表明了党和国家对农业文化遗产发掘与保护工作的高度认可，也指出了当前农业文化遗产工作的重点。

农业部办公厅于 2016 年 3 月 30 日以“农办加〔2016〕5 号”文形式，发布《农业部办公厅关于开展农业文化遗产普查工作的通知》，指出：为认真贯彻落实 2016 年中央一号文件关于“开展农业文化遗产普查与保护”的部署要求，进一步加强对我国农业文化遗产的发掘保护利用，我部决定开展中国农业文化遗产普查工作。并进一步强调：中华民族在长期的生息发展中，创造了种类繁多、特色明显、经济与生态价值高度统一的传统农业生产系统，不仅推动了农业的发展，保障了百姓的生计，促进了社会的进步，也由此演进和创造了悠久灿烂的中华文明，成为中华文明立足传承之根基。为加强对我国重要农业文化遗产的发掘、保护、传承和利用，农业部按照“在发掘中保护、在利用中传承”的思路，于 2012 年部署开展了中国重要农业文化遗产发掘工作，截至 2015 年年底，分三批共认定了 62 项中国重要农业文化遗产。这项工作填补了我国遗产保护领域的空白，有力地带动了遗产地农民就业增收，传承了悠久的农耕文明，增强了国民对民族文化的认同感、自豪感，在推动遗产地经济与社会协调可持续发展方面发挥了重要作用。但因我国地域辽阔，民族众多，生态条件差异大，农业生产系统类型各异、功能多样、底数不清，在经济快速发展、城镇化加快推进和现代技术应用的过程中，大量农业文化遗产存在着被破坏、被遗忘、被抛弃的危险。

关于农业文化遗产普查的意义，农业部办公厅的文件说得很清楚：在全国范围内对潜在的农业文化遗产开展普查，准确掌握传统农业生产系统的分布状况和濒危程度，是编制国家农业文化遗产后备名录库的重要基础，是今后认定中国重要农业文化遗产的重要依据，是采取有效措施加强发掘、保护、传承和利用的重要前提，对于提升全民保护农业文化遗产意识，传承农耕文明，弘扬中华民族灿烂文化，推动农业可持续发展，在全社会营造保护农业文化遗产的氛围具有十分重要的意义。

2016 年 12 月 9 日，《农业部办公厅关于公布 2016 年全国农业文化遗产普查结果的通知》正式发布，认为“农业部精心组织、科学安排，强化指导、扎实推进，依托专家、科学论证，着力做好普查工作。在各级农业管理部门、各传统农业系统所在地有关部门和农业文化遗产专家委员会的共同努力下，圆满完成了普查工作。”并正式公布了在各地上报基础上经过中国重要农业文化遗产专家委员会论证分析的有潜在保护价值的408项传统农业生产系统。

总体而言，这是一次有益的尝试，也是一次较为成功的探索。但我认为，对于农业文化遗产普查来讲，这只是一个开始。一是工作时间有限，相对于其他普查工作数年甚至数十年来讲，为期半年多的农业文化遗产普查时间太短了；二是“此次普查按照农业部部署指导、省级组织审核汇总、县级农业部门组织填报的方式进行推进”的方式，虽然确保了在较短时间内完成工作任务，但客观地说，由于各地组织工作效率、技术支撑能力、领导重视程度、遗产内涵理解等方面存在着很大差异，距离全面摸清农业文化遗产的资源底数、濒危状况和利用潜力的目标还有不小差距。

关于如何做好农业文化遗产普查工作，笔者曾撰写了《积极开展农业文化遗产普查与保护》短文，发表在《农民日报》2016年3月5日第3版上。我们认为，普查是开展农业文化遗产保护的基础性工作，应当重点做好总体设计、统一实施、科学分析、系统集成四项基本工作。农业文化遗产普查不是一项简单的行政工作，而是一项系统性的技术工作。

首先，要做好总体设计，科学编制普查方案。普查对象是“活态的”传统农业生产系统，因此，应当以联合国粮农组织全球重要农业文化遗产和农业部中国重要农业文化遗产的定义和遴选标准为基础。要明确作为农业部门一项重要工作的农业文化遗产普查与保护与文物、文化、住建等部门已经开展的农业遗址、农业民俗和传统村落普查与保护工作的区别和联系，也应当明确与农业历史与考古研究中的古农书、古农具及其技术与文化的区别和联系。在充分研讨和科学论证的基础上，编制普查标准、导则、指南与行动计划。普查信息表设计，应从遗产系统及其组成要素出发，以种植业、林果业、畜牧业、渔业及其复合系统为重点，融入资源利用与生态保育等知识与技术体系及农业生态文化景观等要素。

其次，要做好统一实施，有效组织普查活动。在农业部的统一管理下，由其重要农业文化遗产专家委员会为基础，建立自上而下布置、自下而上集成的普查方法，组织一支涵盖相关学科、由有关科研人员和农业管理人员组成的技术队伍，做好组织培训、试点普查工作，再开展全面普查，确保第一手资料与信息（包括图片与影像）的收集。

再次，要做好科学分析，确保普查信息完整。普查不仅是简单文字、数据、图像信息的罗列，更是系统特征的全面反映。应提高普查的科学性与成果的应用性，在基础信息收集的同时，开展对系统特征与空间分布的分析，历史演变及影响因素的分析，多重功能与多元价值的分析，以及稳定性、濒危性与保护紧迫性的分析，力求全面摸清农业文化遗产家底。

最后，要做好系统集成，全面展示普查成果。普查成果应以图件、可视化数据库等多样化的方式呈现，需要建立包括基础地理、历史文化、生态环境、社会经济等基础信息在内的农业文化遗产数据库，编制农业文化遗产名录和分布图，完成农业文化遗产专题研究报告。同时，借助普查工作推动发掘与保护工作，通过固定和巡回等方式开展专题展览，以在全社会形成保护农业文化遗产的良好氛围。

虽然上述想法因为时间、经费等客观因素而没有在全国层面上实现，但北京市农业局给了我们尝试的机会。

在有关领导的关心和相关专家的支持下，北京的（海淀、房山）京西稻作文化系统和平谷四座楼麻核桃生产系统于 2015 年被农业部认定为第三批中国重要农业文化遗产。北京市农业局充分认识到农业文化遗产发掘及在农业功能拓展、现代都市农业发展中的重要性。借助农业部的工作要求，制定北京市普查任务，明确了“统一部署、专家为主、基层协助”的工作方式，并采用招标方式委托技术单位开展全市范围内的普查工作。

竞标成功后，我们经多次研讨确定了“理论研究与普查工作相结合、重点调查与一般普查相结合、遗产普查与科普宣传相结合”的思路，以科学研究为基础，融科普宣传于普查工作之中，力争在完成农业文化遗产普查工作的同时，提升全社会对于农业文化遗产重要性和发掘保护紧迫性的认识。根据工作需要，我们建立了一支专业人员和管理人员相结合的普查队伍，确定了普查技术路线和方法，编制了《北京市农业文化遗产普查工作方案》，举办了面向基层管理人员的培训活动，聘请了李文华院士、曹幸穗研究员等资深专家进行咨询指导，通过查阅文献、实地调查、反复论证，全面完成了项目目标，并于 2017 年 5 月 31 日通过了北京市农业局组织的专家验收。《北京日报》2017 年 6 月 13 日报道“本市已摸清农业文化遗产资源家底儿”。

此次呈现在读者面前的，即为本次北京市农业文化遗产普查项目的部分主要成果。全书共分三部分，主体部分为北京市农业文化遗产普查报告和遗产名录。我们根据联合国粮农组织关于全球重要农业文化遗产的定义和农业部关于中国重要农业文化遗产的定义，并结合北京市农业文化遗产发掘工作的需要，将农业文化遗产分为系统性农业文化遗产、要素类农业文化遗产和已消失的农业文化遗产三大类。第一类共50项，建议进行适当整合后申报中国重要农业文化遗产，并实施重点保护和利用；第二类485项、第三类316项则通过发掘内涵、适当恢复等措施，注重发挥在休闲农业与乡村旅游中的作用。“普查报告”是基于普查所获得的信息进行了类型、区域的分析，并在此基础上提出了北京开展农业文化遗产发掘与保护工作的建议。此外，为便于读者了解国内外农业文化遗产发掘与保护工作进展情况，附录列出了全球重要农业文化遗产和中国重要农业文化遗产名录及有关管理文件。

本书是集体智慧的结晶。这里凝聚着项目组全体同志的辛勤汗水，也包含着北京市农业局有关领导、相关专家和相关区农业部门管理人员的智慧，更有前人在有关工作中探索和贡献。在最后编辑整理过程中，闵庆文负责全书统筹和框架设计，闵庆文、刘某承、焦雯珺、袁正负责“普查报告”部分撰写，闵庆文、焦雯珺负责“遗产名录”部分统稿，白艳莹、袁正、孙业红、张灿强、杨波则在各区有关部门负责同志的积极配合下，分别负责有关区的农业文化遗产资料甄选和名录编写。整个工作都是在有关专家和领导的指导下完成的，在此向他们表示衷心的感谢！

摸清家底是农业文化遗产深入发掘、重点保护、持续传承、有效利用的基础。农业文化遗产普查的意义重大，但又是一项十分艰巨的任务。尽管我们在不长的时间里完成了所设定的基本任务，并得到了有关部门和专家的肯定，但实事求是地说，这里面还有很多工作要做。在此希望诸位专家和读者朋友不吝赐教，特别欢迎提供更多的线索，以使之不断得到完善。

农业文化遗产保护事业的春天已经到来。习近平总书记曾经指出：“农耕文化是我国农业的宝贵财富，是中华文化的重要组成部分，不仅不能丢，而且要不断发扬光大。”“农业文化遗产”连续在2016年和2017年的中央一号文件中出现。在2017年1月中共中央办公厅、国务院办公厅印发的《关于实施中华优秀传统文化传承发展工程的意见》中，“农业遗产”被列入“保护传承文化遗产”这一重点任务中。

农业文化遗产发掘与保护“永远在路上”。期望本书能为北京市农业文化遗产发掘与保护提供资源基础，也能为其他地区农业文化遗产普查工作提供一些借鉴。

农业文化遗产研究亟待加强[①]

自2002年联合国粮农组织发起全球重要农业文化遗产（GIAHS）保护倡议，特别是自2005年确定第一批GIAHS保护试点以来，经过粮农组织项目秘书处、指导委员会和专家委员会、有关国际组织、试点国家的共同努力，农业文化遗产的概念和保护理念已经得到了国际社会越来越多的关注。

截至2012年年底，联合国粮农组织已经在11个国家认定了25个传统农业系统为全球重要农业文化遗产保护试点，并探索出了符合农业生产特点、满足农业文化多样性与农业生物多样性保护要求的动态保护与适应性管理途径。

我国十分重视农业文化遗产的保护和传承，是最早响应并积极参加“全球重要农业文化遗产”保护项目的国家之一。经过近10年的工作实践，农业文化遗产申报、保护、发展、利用工作有序推进，各遗产地生态与文化保护、经济与社会发展取得明显成效，成为世界各国学习的榜样。

但不可否认的是，相对于世界文化与自然遗产等相比，目前对于农业文化遗产的研究还很薄弱：把农业文化遗产简单等同于传统农业的认识依然存在；农业文化遗产保护与发展还缺乏政策与资金上的支持；兼具生产功能、生态功能与文化功能等于一体的农业文化遗产系统作用机制需要深入研究；农业文化遗产资源家底不清而且受到城镇化与工业化发展的冲击；符合农业文化遗产活态性、动态性、系统性等特点，适应城镇化与农业现代化的保护与利用模式需要进一步探索。

农业文化遗产不同于一般意义上的传统农业，这是因为一般意义上的传统农业往往是指在自然经济条件下，采用人力、畜力、手工工具、铁器等为主的手工劳动方式，靠世代积累下来的传统经验发展，以自给自足的自然经济居主导地位的农业，也可以说是采用历史上沿袭下来的耕作方法和农业技术的农业。由于社

① 本文原刊于《世界遗产》2013年第6期20页。

会经济发展和对自然条件认识的局限性，传统农业中有一些较为落后的内容，但其中也蕴含着精耕细作、地力常新、生态保护、应对灾害等理念、技术和知识体系，成为巧夺天工的生态农业系统，对于提高农业可持续性、促进现代农业发展具有重要的意义，这些就是我们发掘、保护、利用、传承的农业文化遗产，是传统农业中的精华。

农业文化遗产保护试点所取得的成绩已经证实，农业文化遗产保护对于保障粮食与食物安全、促进农民增收与缓解贫困、保护生物多样性与文化多样性、适应气候变化、促进现代生态农业发展都具有十分重要的作用。农业文化遗产保护能够、也必将对于农村生态文明建设和美丽乡村建设发挥越来越重要的作用。

留存历史：农业文化遗产保护的有益探索[①]

（2017 年）3 月初，接到庆忠教授电话，嘱为其新作作序。虽几经推辞，但还是答应了。“推辞”是因为感到无论是我的资历还是业务水平，都不足以为这套丛书作序，更何况庆忠教授一直是我深为敬佩的学者，其治学之严谨、成果之丰硕，均远在我之上；“答应”则是因为庆忠教授给出的理由让我难以拒绝，当然也心存一点私心，那就是借助这套丛书广泛宣传一下十分重要但依然没有受到足够重视的农业文化遗产。

先说说农业文化遗产保护工作的总体情况。

学界虽然对农业文化遗产的一些具体概念尚有争议，但有一点已经达成共识：对“活态性”的传统农业生产系统进行发掘与保护、利用与传承、研究与实践，源自联合国粮农组织（FAO）于 2002 年提出的全球重要农业文化遗产（Globally Important Agricultural Heritage Systems，GIAHS）概念，始于全球环境基金（GEF）和有关国家政府支持下于 2009—2014 年执行的全球重要农业文化遗产动态保护与适应性管理项目（Conservation and Adaptive Management of Globally Important Agricultural Heritage Systems）。该项目旨在建立全球重要农业文化遗产及其有关的景观、生物多样性、知识和文化保护体系，推动世界各地认同这一机制，使其成为可持续管理的基础。经过 10 多年的努力，GIAHS 的概念已经被国际社会广泛接受。截至 2016 年年底，已有 16 个国家的 37 个传统农业系统被列入 GIAHS 名录。GIAHS 保护的研究与实践探索工作也取得了显著成效，对于遗产地的生态保育、文化传承、经济发展都发挥了重要作用。

在国内外热衷于“现代农业”的时候，引导人们关注农业文化遗产，似乎让

① 本文是应约为孙庆忠教授主编的《村史留痕——陕西佳县泥河沟村口述史》《枣园社会——陕西佳县泥河沟村文化志》《乡村记忆——陕西佳县尼河沟村影像集》（同济大学出版社，2018 年 1 月出版）所作“总序”，2017 年 5 月 14 日成文于南京，缩减后以“甘瓜抱苦蒂美枣生荆棘”为题发表于《人民日报》2018 年 6 月 26 日 24 版。

人匪夷所思。农业社会正渐行渐远，但蓦然回首，人们会发现，那一处处散布于各地并存在于农业文化遗产系统中的物种资源、农业景观、传统知识、农耕技术——这些人类社会数千年来在这个广袤星球上留下的智慧足迹，在保障食物安全、消除贫困、保护生物多样性、适应气候变化、传承民族文化等方面具有重要的现实意义，已成为多方问道求知的珍贵载体和实现乡村振兴与农业可持续发展的智慧源泉。

遵循“在发掘中保护，在利用中传承”的基本原则，中国农业文化遗产保护工作所取得的成就举世瞩目。

在国际合作层面，早在2004年的项目准备期，中国就率先响应并积极参与。农业部国际合作司、中国科学院地理科学与资源研究所通力合作，将“浙江青田稻鱼共生系统”成功推荐为首批GIAHS保护试点，并于2005年6月成为第一个正式授牌的项目。目前，中国以11个项目（截至2019年3月底为15个项目——作者注）成为世界上拥有GIAHS项目最多的国家。另外，中国还利用亚洲太平洋经济合作组织（APEC）、20国集团（G20）、南南合作（SSC）等多边和双边合作平台，积极推动GIAHS的保护理念。并举办了面向全球的GIAHS高级别培训班；发起成立东亚地区农业文化遗产研究会（ERAHS），打造GIAHS保护的区域性交流机制；派出专家和工作人员参与FAOGIAHS秘书处工作，为GIAHS健康发展做出负责任大国所应有的贡献。

在国内工作层面，农业部于2014年成立了全球/中国重要农业文化遗产专家委员会，聘请以中国工程院院士李文华为首的一批专家指导重要农业文化遗产保护工作。2015年，颁布了《重要农业文化遗产管理办法》。农业部农产品加工局在中国科学院地理科学与资源研究所技术支持下，于2012年开始中国重要农业文化遗产（China-NIAHS）发掘工作，截至2016年年底已分3批发布了62个项目（截至2019年3月分4批发布了91个项目——作者注）。农业部国际合作司和国际交流与服务中心建立了中国GIAHS年度工作交流机制。2012年起，中国科学院地理科学与资源研究所自然与文化遗产研究中心编印双月刊《农业文化遗产简报》。2014年，中国农学会批准成立“农业文化遗产分会”。此外，《农民日报》曾开辟《农业文化遗产专栏》，中央电视台农业频道《科技苑》栏目摄制系列专题片《农业遗产的启示》，农业教育音像出版社摄制《中国重要农业文化遗产》系列片，中国农业出版社组织出版《中国重要农业文化遗产系列读本》……

总体而言，中国的农业文化遗产保护工作已经成为“农业国际合作的一项特色工作”，农业文化遗产保护研究与实践处于国际领先地位；农业文化遗产发掘与保护成为农业部的一项重要工作和促进农村生态文明建设、美丽乡村建设、农业发展方式转变、多功能农业发展和农业可持续发展的一个重要抓手；目前，农业文化遗产保护与发展的经济、生态与社会效益凸显，农民文化自觉性与保护积极性显著增强；科学研究不断深入，有效支撑了农业文化遗产保护工作，推动了学科发展与人才培养，初步形成了一支多学科、综合性的研究队伍；全社会对农业文化遗产价值和保护重要性的认识不断提高，多方参与机制初步形成。

再说说我与佳县泥河沟的渊源。

泥河沟本是一个位于黄土高原、晋陕河谷腹地的不起眼的小山村，却因千年古枣园于2014年被FAO认定为GIAHS项目而名噪于世界。

2011年10月，在老师兼朋友、《科技日报》记者李大庆先生的推荐下，我受邀参加科技部扶贫团协助组织的“佳县红枣产业研讨会”。会上，我介绍了GIAHS项目并提出了“佳县古枣园”申报GIAHS的建议，得到佳县领导的响应和科技部的支持（佳县是科技部对口扶贫点），并受托承担有关申报文本的编写工作。正是通过这次机会，我第一次近距离接触了泥河沟村的那片古枣园，感受了泥河沟的魅力。后经过努力，“佳县古枣园”于2013年被农业部认定为第一批中国重要农业文化遗产，于2014年被联合国粮农组织认定为全球重要农业文化遗产保护试点。在2016年6月举办的“‘十二五’科技创新成就展”上，科技部精心挑选并推出了一批科技扶贫典型案例，讲述了科技创新助推脱贫攻坚的精彩故事，展现了科技扶贫30年来特别是“十二五”期间取得的显著成效。其中“红枣树成为致富林”成为8个经典案例之一：泥河沟村千年古枣园是“全球重要农业文化遗产”，为佳县红枣贴上了世界文化商标。《科技日报》《农民日报》等媒体曾以《另一种扶贫：保护农业文化遗产》《农业文化遗产保护：挖掘传统农耕技术内涵》《踏访全球重要农业文化遗产佳县泥河沟千年古枣园》为题进行了报道。后来，我曾陪同时任农业部国际合作司副司长、现任联合国粮食计划署驻华代表的屈四喜先生一行考察泥河沟。

言归正传，最后谈谈对庆忠教授的工作和这套书的看法。

我再次对泥河沟千年古枣园发生兴趣，是因为庆忠教授带领一批年轻人深入泥河沟，发掘古枣园的潜在价值，重新唤醒深藏于村民心中的文化自觉和自豪感，为农业文化遗产保护进行的有益探索。

基于研究与实践，我曾撰文提出农业文化遗产保护需要建立三个核心机制，即以生态与文化保护补偿为核心的“政策激励机制”，以有机生产、功能拓展、“三产”融合为核心的“产业促进机制”，由政府、科技、企业、农民、社会构成的“五位一体”的“多方参与机制”。民间力量是农业文化遗产保护的重要力量。相对于其他国家，中国在这方面上还有较大差距，但也不乏亮点。对我而言，印象最为深刻的莫过于在佳县尼河沟村的工作过程中，来自学术界的庆忠教授与来自民间的香港乐施会之间的密切合作。庆忠教授是我在推动农业文化遗产工作中结识的一位朋友。虽然专业差距很大，但农业文化遗产让我们得以相识。其知识之渊博、见解之独到、思维之缜密、口才之出众、为人之诚恳、态度之谦逊，尤其是其过目不忘的本领、深入乡村的精神、关爱民众的情怀，让我非常敬佩。

以《村史留痕——陕西佳县泥河沟村口述史》《枣缘社会——陕西佳县泥河沟村文化志》《乡村记忆——陕西佳县泥河沟村影像集》为名呈现在我们面前的这套丛书，饱含庆忠教授团队的心血。他们在两年多时间里，先后驻村 60 余日进行参与式调研。他们从收集老照片、老物件入手，采访了百余位村民和县镇村干部，为古枣园、传统村落存留了 2 000 余幅珍贵的影像图片和 100 多万字的口述资料。经当地民众和外部研究者的共同努力，一个没有文字记载的村落正从历史深处苏醒；拥有数百棵千年枣树的泥河沟村，这个多年依赖返销粮的黄河岸边的贫困村正逐渐鲜活起来；黄土高坡上守护滩地枣林、筑坝抗击洪涝、徒步 40 里山路只为背回一袋口粮的村民的形象也渐渐血肉丰满。这种参与式调研回归了农业文化遗产保护的核心要义——谁的遗产？谁来保护？

这套丛书基于在泥河沟的具体实践回应了上述问题，凸显了以下三个鲜明特色：

第一，以乡村文化为切入点，复活村民的历史记忆与社区认同。与诸多以农业文化遗产地经济发展为优先的实践不同，庆忠教授团队对泥河沟村的农业文化遗产保护实践将功夫扎向土地深处——首先与村民一起回望来路，既厘清了一个贫困村转变成为“全球重要农业文化遗产地”的全过程，又盘点了村庄拥有的家底和资源。在这一过程中，久居“庐山深处”的村民重新发现了这朝夕相处的黄土地、祖辈相邻的黄河水的厚重与美好。

第二，将基线调研与社区发展动员相结合，为社区整体营造打下坚实基础。作为一家以乡村减贫与社区发展为主要工作内容的民间机构，香港乐施会一路陪伴庆忠教授及其团队，希望探索农业文化遗产地保护与精准扶贫的有机结合之路，在泥河沟参与式调查的设计阶段就提出以社区营造为导向的在地文化记录。有异于绝大多数源于书案返回学院的田野工作，泥河沟的调研更加注重普通民众的参与行动。他们推动村庄成立了“泥河沟老年协会”，与那些在村里生活了一辈子的老人们讨论泥河沟发展的各种可能性；成立了“枣乡青年促进会”，吸引那些外出打工的年轻人关心自己的家乡，并尝试参与乡村旅游发展和特色枣产品开发；搭建“古枣园文化节”“泥河沟大讲堂”等平台，不仅让外界多方有帮助的力量走进古枣园，也让当地文化和村民走上了展示自我的“舞台”。

*第三，探索并诠释了多方参与、优势互补的农业文化遗产地保护机制。*以庆忠教授为代表的学术研究者、以香港乐施会为主的民间机构与当地政府及村民们密切合作，共同勾画出农业文化遗产保护的“泥河沟方案”，为中国农业文化遗产保护的“多方参与机制”创新作出了贡献。研究者对乡土社会深厚的关怀和扎实的专业积累，民间机构执着的实践导向和在地培育理念，以及当地政府和众多村民们孜孜以求奔好日子的渴望和干劲，在泥河沟这个小村庄中相遇、碰撞，彼此激荡助力。与此同时，合作各方还不断整合建筑师、摄影师、热心乡土文化的志愿者等更广泛的民间专业力量来到泥河沟，与当地政府和村民一起筹划传统村落的现代发展道路。

泥河沟的实践是超越于一村一寨的个体“试点”，是在社区层面推动乡村建设行动的经验探索与理论先导。这套丛书的精华也将翻译为英文版与国际社会分享，期待泥河沟经验进一步拓展中国农业文化遗产保护思路、创新乡村社区减贫发展范式，促使世界农业文化遗产保护路径不断完善。

如何平衡农业文化遗产保护与当地经济发展？如何激发当地人的保护主体意识？如何整合政府、市场和民间力量共同推动农业文化遗产的良性保护？这些关键问题通过庆忠教授及团队、香港乐施会等多方合作得以在小小的泥河沟村有所回应。与此同时我们也应看到，这些问题也一直是全球农业文化遗产保护工作中共同面临的挑战。中国农业文化遗产保护事业与消除贫困、促进乡村社会发展之间存在着高度紧密的关联。令人振奋的是，中国对农业文化遗产保护路径的探索也不断结合农村社区的减贫路径推动工作，致力于提高当地社会与民众对农业文化遗产的“活态”运用效率，改变过往“抱着金娃娃过穷日子”的窘境。无论是贵州从江侗乡稻鱼鸭系统结合产业扶贫发展、云南红河哈尼稻作梯田系统大力发展梯田旅游，还是湖南新化紫鹊界梯田以“梯田全球认租”模式将遗产保护与精准扶贫相结合等，都是农业文化遗产地政府与村民从不同角度推动的有益探索。

几乎全程参与了 GIAHS 项目准备申请、执行及成功转型为一个国际计划是我的最大幸运，“做一点事、走一些地方、结交一帮朋友”是我的最大收获。这些朋友自然包括中国农业大学的庆忠教授、香港乐施会的刘源女士！

中国古诗云：“甘瓜抱苦蒂，美枣生荆棘。”“佳县古枣园”是先民为我们留下的弥足珍贵的农业文化遗产，“全球重要农业文化遗产”的认定为黄河岸边久处贫困的泥河沟村带来了生机。衷心期待读者朋友从这套丛书中体会到当地枣园景观之美好、文化之深厚，体悟到当地民众生活之艰辛、生命之蓬勃。当然，更期待越来越多志同道合者阅毕掩卷之余，加入农业文化遗产保护的行动中来。

农业文化遗产保护也要“从娃娃抓起”[①]

产生于过往、留存于当下的“遗产”，述说着的是久远的故事。沉淀于遗产中的历史，虽然不再是现实生活，但依然会给我们以启迪。正所谓“读史使人明智”“以史为镜，可以知兴替”。

文化是人类社会特有的现象，是智慧群族的一切群族社会现象与群族内在精神的既有、传承、创造、发展的总和。“文化”的本义是“以文教化”，当属精神领域范畴，当今所谈“文化”更是已经成为了一个内涵丰富、外延宽广的多维概念，并在社会发展中发挥着越来越重要的作用。这就是所谓的“文化软实力”。

农业是人类社会历史最为悠久的产业，而且也一直被我们称为“基础性产业”。“民以食为天”，也说明了农业对于我们的重要性。但与之相悖的是，农业在多数人眼里已经沦落为“落后的产业”，至少是很难与“高大上”联系上的。

给孩子们讲历史久远的遗产故事，过于沉重；给孩子们讲内涵丰富的文化故事，过于深奥；给孩子们讲不为人们关注的农业故事，则可能与大众的喜好格格不入。把三者结合起来，试图让家长们给孩子们讲农业文化遗产的故事，其困难是可想而知的。我曾经给两位作者泼过冷水，但她们依然坚持了下来；我也曾为出版社可能面临的销售风险担心过，但他们依然坚持了下来。

其实，农业文化遗产很重要、很丰富，也很有意思，关键是如何讲好农业文化遗产的故事。

农业文化遗产很重要，这句话可能是对其重要意义最好的说明：“农耕文化是我国农业的宝贵财富，是中华文化的重要组成部分，不仅不能丢，而且要不断发扬光大。”

农业文化遗产的发掘与保护，对于解决当前全世界农业面临的一些问题都有

① 本文主要部分收入焦雯珺、孙业红著《全球重要农业文化遗产故事绘本》（中国农业出版社，2018 年 11 月）“导读”中。

重要价值，已经得到了国际广泛认识。我国农业文化遗产保护事业的重要推动者、著名生态学家李文华院士撰文指出，我国 5 000 年以上的游牧和农耕历史，复杂的自然条件，丰富的劳动经验，深厚的文化底蕴，衍生出悠久灿烂的农业文明。这些珍贵的农业文化遗产，至今依然发挥着重要作用，不仅提高了农业生产力，保障了百姓生计，也促进了社会进步，而且对于现代生态农业发展具有重要的价值。

农业是文化的重要母体。著名民俗学家乌丙安先生曾经指出，“农业文明是第一个发展起来的人类生产和生活的根基，由此衍生的农业文化是我们赖以生存的命根子。五种类型的遗产保护中，农业文化遗产保护是根基性的，它是产食文明的核心。作为现代人，我们必须承认我们比祖先高明得多，但是从另一个历史角度看我们又觉得我们真的不如祖先。在祖先创造的农业文明里人和大自然的和谐，人和土地的和谐，要比我们今天做得好。”

农业文化遗产因为有着生态良好的自然条件、地域鲜明的农副产品、景观优美的乡村生态、丰富多彩的民俗文化，可以为我们提供物质的需求和精神的滋养。用句通俗点的话说，农业文化遗产可以养眼、养颜、养肺、养胃、养心、养神。

虽然经过 10 多年的努力，目前全世界已有 21 国家的 57 个项目被联合国粮农组织认定为全球重要农业文化遗产，我国已有 91 个项目被农业农村部认定为中国重要农业文化遗产，其中的 18 个项目（其中有 4 个项目整合为一个项目）还是全球重要农业文化遗产，农业文化遗产的发掘与保护已经产生了良好的生态、社会与经济效益，但与其他类型的自然与文化遗产相比，农业文化遗产仍然还不被人所熟知。相比人们耳熟能详的神农架、梵净山等自然遗产，长城、故宫等文化遗产，泰山、黄山等混合遗产，昆曲、武术等非物质文化遗产，农业文化遗产还属于“藏在深宫人未识”。

按照农业农村部的定义，重要农业文化遗产是指我国人民在与所处环境长期协同发展中世代传承并具有丰富的农业生物多样性、完善的传统知识与技术体系、独特的生态与文化景观的农业生产系统，包括由联合国粮农组织认定的全球重要农业文化遗产和由农业农村部认定的中国重要农业文化遗产。

正如并非所有的传统文化都拥有辉煌的当下一样，充满劳动人民智慧、历经历史时期检验的农耕文化，似乎也已辉煌不再。发掘、保护、利用、传承农业文化遗产，就成为我们面临的一项重要任务。

俗话说，“酒香也怕巷子深”。在农业文化遗产的保护与传承中，宣传普及是一个重要方面。对于大多淹没在现代化的大潮中、沉睡在地理偏僻的大地上的农业文化遗产，我们要有文化自信，要看到我们确实有好酒；要有文化自觉，要努力让“好酒”飘到“巷子”外；要有文化智慧，把“好酒”的故事讲好，让更多的人接受；要有市场眼光，做好“好酒”的品牌，让“好酒”卖出好价钱。当然，最重要的是要有战略思维，内塑品质外塑形象，让农业文化遗产这壶“好酒”展现出历史脉络、时代风采、永久魅力。

传统文化的传承也需要与时俱进。农业文化遗产一直在发展之中，发展中不断创新，是这一历史遗产历久弥新的奥秘所在。我们今天的任务也是如此，要保护、传承，也要创新、发展。这套书就是有益的创新。

让我们记住联合国粮农组织的口号：农业文化遗产不是关于过去的遗产，而是关乎人类未来的遗产。

全球重要农业文化遗产国外成功经验及对中国的启示[1]

2002年，联合国粮农组织（FAO）联合联合国发展计划署（UNDP）和全球环境基金（GEF）等，发起了“全球重要农业文化遗产（Globally Important Agricultural Heritage Systems，GIAHS）”保护倡议，并将全球重要农业文化遗产定义为“农村与其所处环境长期协同进化和动态适应下所形成的独特的土地利用系统和农业景观，这种系统与景观具有丰富的生物多样性，而且可以满足当地社会经济与文化发展的需要，有利于促进区域可持续发展”。

从2005年浙江省青田稻鱼共生系统等被列为第一批全球重要农业文化遗产保护试点至2014年6月，全球共有13个国家的31个传统农业系统被列为GIAHS保护试点，其中中国11个、日本5个、韩国2个、印度3个、菲律宾1个、伊朗1个、秘鲁1个、智利1个、坦桑尼亚2个、阿尔及利亚1个、突尼斯1个、摩洛哥1个、肯尼亚1个。

他山之石，可以攻玉。除中国之外的10个国家，尽管发展水平各异，但在FAO的支持下，通过遗产所在地政府、社区、农民、科学技术人员等的共同努力，在农业文化遗产动态保护与适应性管理途径等方面均进行了有益探索，许多方面值得中国在今后的工作中借鉴。

1　国外农业文化遗产保护的成功经验

（1）管理体制与机制建设

一是政府主导作用。让中央政府、地方政府与当地农民共同参与GIAHS项目，政府通过提供固定的项目支持以解决遗产地的生计问题，给当地的人民带来利益，并通过政府强有力的资金支持将GIAHS活动提升到更高的层面。从

① 本文作者为白艳莹、闵庆文、刘某承，原刊于《世界农业》2014年第6期78-82页。

GIAHS 项目开始至今，各个保护试点所在的国家和地方政府越来越关注如何找到发展与保护之间的平衡点，从而实现人与自然的和谐相处。例如，日本从 2013 年开始为 FAO 提供信托基金；印度的最高政策机构——国会对农业文化遗产提供大量支持；智利农业部结合 GIAHS 保护的目标制定了调研、创新、市场调查等政策，承诺推动农村和当地土著居民在文化、经济各方面的发展。

二是设立管理机构。一些遗产地建立了当地的社区组织，致力于寻找合理的发展方式，既能够建立持续公平的市场，同时又能保护和鼓励那些基于系统保护和持续的、传统的、习惯性的生物资源的使用行为。例如，日本在每个遗产地农业管理部门下设 GIAHS 推进会等专门机构；智利政府为了支持 GIAHS 项目成立了专门的指导委员会，其成员包括政府部门、企业代表、农民代表和旅游业代表等，在农业文化遗产动态保护方面发挥了极大的推动作用，并在中央政府和地方政府层面都起到很好的协调作用；印度成立了国家藏红花委员会。

三是制定管理办法和保护规划。为了加强农业文化遗产管理，一些遗产地制定了具体的管理办法并付诸实施。例如，突尼斯签署了加法萨绿洲农业系统保护与发展的国家宪章；突尼斯加法萨绿洲农业系统的农业发展委员会联合当地农民共同制定了灌溉水资源的可持续管理办法；印度制定了藏红花系统五年保护规划，并制定专门的法律禁止对种植藏红花的土地进行买卖或者挪作他用；还通过了《科拉普特传统农业系统动态保护的五年计划》；摩洛哥阿特拉斯山脉绿洲农业系统将农业文化遗产保护的计划与绿色摩洛哥计划相结合，把农业知识的调查与整理工作纳入到了国家发展战略中；阿尔及利亚埃尔韦德绿洲农业系统组织咨询和参与式的研讨会，对本国的 GIAHS 系统进行全面评价咨询并制定了保护规划。

四是建立保护区并进行划界。在农业文化遗产地内建立保护区，划定边界，并明晰各个区域的功能和保护目标，进而促进当地群众对农业文化遗产地开展更为有效的保护。如坦桑尼亚的马赛游牧系统为了保护野生动物，将部分地区的居民迁移走，在当地修建自然公园和国家公园，进行了一系列水资源的保护和水项目的建设及相关知识的传播；秘鲁安第斯高原农业系统通过建立农业多样性保护区、设立基因改造食品生产条例等活动积极保护安第斯山区农业多样性，并建立了基于社区的环境管理基金。

五是加强生物多样性保护。对当地的农业生物多样性和相关生物多样性进行调查，并制定激励机制让农民积极参与到恢复、保护和利用当地的生物多样性活动中。另外，为了保护当地丰富的生物多样性，各个遗产地都作了大量的努力，如秘鲁安第斯高原农业系统设立了专门的生物多样性保护项目。

六是保障劳动力资源。很多遗产地努力寻求有效的途径鼓励年轻人重返故乡积极从事农业活动来维持当地遗产系统的稳定。如阿尔及利亚埃尔韦德绿洲农业系统在这方面做出了大量的努力，通过大力发展生态旅游、加强椰枣的生产和增加在不同市场出售椰枣等水果的机会给居民带来更高的收入，从而吸引和鼓励年轻人从城市返回农村。

（2）多种途径提高农民收入

一是推动有机农业的发展。秘鲁安第斯高原农业系统进行了奎奴亚藜生产的有机认证，提高了当地农民收入，从根本上改善了农民的生活条件。

二是增加产品的附加值。通过组织博览会，普及生物多样性的重要性，调动民众积极性，并提高农产品的附加值。例如，外国游客对安第斯农产品的赞赏吸引人们重新认识传统知识的价值，使一些已经过时的商品——天然彩色羊驼制品又显示出其重要的市场地位。还有智利的智鲁岛屿农业系统，当地政府通过给岛屿的产品打上标签，使它更具有地域特色，从而提高了商品的价格，提高了当地农民的收入。

三是促进可持续旅游发展。深入发掘农业文化遗产的旅游潜力，加强社区自然资源管理和旅游开发，提升当地居民的节庆习俗、建筑技术、手工技艺等文化遗产的价值，通过多种方式发展可持续乡村旅游，实现当地旅游业的规范化管理。例如，智利智鲁岛屿农业系统所在地政府与宾馆和旅游部门协商，联合设定了新的旅游路线，建立了乡村旅行社，大力推动当地的旅游产品、旅游服务和文化事业，让文化成为当地发展的推动力，并鼓励农民和酒店以及经营者之间展开合作，以保证旅游业的可持续发展和公平贸易。

四是增加收入渠道的多样化。主要是通过探索农产品加工的替代性方式，使之进入当地的旅游市场。在肯尼亚马赛草原游牧系统、突尼斯加法萨绿洲农业系统、坦桑尼亚马赛游牧系统、摩洛哥阿特拉斯山脉绿洲农业系统，都十分支持当地农民从事一些特色小商品加工，如手工艺品和妇女编织品等，协助他们提高创意水平和手工艺水平，通过多种渠道增加农民收入。

五是探索利益共享机制和农民激励机制。在日本的，静冈县传统茶—草复合系统，通过给予农民合理的回报来激励农民生产高品质茶叶，较高的经济回报提升了农民参与 GIAHS 保护与管理的积极性。

（3）重视基础设施与能力建设

一是农业基础设施建设。坦桑尼亚基哈巴农林复合系统采用移栽、病虫害综合防治和本地种再引进等方式，改进当地咖啡和香蕉的栽培技术，加固蓄水池、使用控水阀门以改善传统的灌溉系统。秘鲁安第斯高原农业系统建立了社区种子库，组织农户建立相互交换传统品种的定期活动，用以保存当地珍贵的传统作物品种。坦桑尼亚基哈巴农林复合系统建立了基哈巴农业文化遗产博物馆。

二是农户能力建设。通过建立合作社，提高农民在生物物种保护、有机农业发展、现代技术使用、水土资源综合管理、土壤施肥管理、病虫害综合控制、有机农药使用、产品质量控制和认证、产品包装和生态标识、农业旅游、可持续畜牧业管理、手工艺品制作、商业管理、湿地保护、动物健康管理等方面的能力。例如，坦桑尼亚的马赛游牧系统建立了女子艺术和手工合作社，基哈巴农林复合系统建立了有机咖啡合作社；印度藏红花系统建立了藏红花合作社，通过联合农户、买方和卖方来加强藏红花产业链，通过提高藏红花产品的生产能力、设计与认证产品生态标识和市场交易来加强利益相关方和当地社区的能力建设。通过举办一系列的技能培训来提高当地农民在生产、加工和管理等方面的技术和能力，如坦桑尼亚基哈巴农林复合系统通过培训来提高对咖啡的管理，通过各种形式的宣传教育活动，提高社区参与积极性与遗产管理能力。

三是宣传教育。通过举办学术研讨会、组织各种培训、出版书籍、印刷宣传资料等，对相关管理人员、当地社区和社会公众宣传 GIAHS 并分享保护经验，提高政府机构、地方政府、社区和其他利益相关者对农业文化遗产的认识水平和保护积极性；通过对 GIAHS 试点保护工作的宣传提高公众对农业文化遗产价值的认知，促进适用技术的传播并揭示遗产保护的重要性；通过对环境、农业和价值观的分析，实施相关的教育项目，包括关于草地、农田和森林的幼儿教育项目来唤醒公众对传统农业系统的保护意识；通过传统的集市和节庆活动提高地方政府、社区和其他利益相关者对农业文化遗产的认识，如智利 2011 年组织了一个生物多样性集市，世界各地的人都纷纷前往，为此还发行了以当地特有农产品为题材的特色邮票，推动了当地经济的发展。

（4）科学研究与人才培养

一是加强科学研究。通过 GIAHS 保护试点的政府部门与当地高校和科研机构之间建立良好的合作关系并制定发展计划，以及科研单位和当地居民在农业文化遗产的保护中建立新的合作伙伴关系，开展以遗产保护为目的的农业景观生态、生物多样性、传统农业生产技术、社会传统文化、气候变化等方面的科学研究。例如，突尼斯加法萨地方政府就十分重视与当地高校的合作，委托高校协助研究绿洲的社会结构，加强了对绿洲农业系统的系统性研究并出版了关于绿洲村庄研究的相关书籍。

二是加强人才培养。培养大学生，鼓励年轻人从事GIAHS研究工作。日本金泽大学在能登半岛地区组织培训项目，旨在培养有专业学位的研究生致力于农业文化遗产的保护。

2 启示与建议

（1）几点启示

一是GIAHS保护与利用可以促进农业的多功能与可持续发展。当前建立在以消耗大量资源和能源基础上的现代化农业引发了一系列具有全球特点的生态与环境问题，而与之对应的是一些传统地区的传统农耕方式在适应气候变化、供给生态系统服务、保护环境、提供多样化产品等方面具有独特的优势。GIAHS保护与利用，可以传承传统的农业技术，保护重要的生物资源和独具特色的农业景观，为农业的多功能和可持续发展提供物质基础和技术支撑。

二是GIAHS保护与利用对粮食生产、维持当地农户生计、消除贫困具有重要作用。GIAHS注重采取不同农业生产工艺间的横向耦合，生产多种产品，提高产品产量和质量，从而提高农户经济收入。在解决农业生产中的产品质量问题方面，GIAHS也蕴含着丰富的经验，在源头尽量缓解化肥、农药、畜禽粪便等污染土壤和水的可能性，变污染负效益为资源正效益。GIAHS生产功能的开发，需要结合传统技术和现代技术，注重产品的品牌化发展，开发多样化的产品，提高产品的附加值，以“小量、高质、效益”为开发方向。

三是GIAHS保护与利用对保护生态环境、适应全球气候变化具有重要作用。GIAHS通过在生态关系调整、系统结构功能整合等方面的微妙设计，利用各个组分的互利共生关系，提高资源利用效率、提高农作物的抗性和品质、控制农业有害生物、提高土壤肥力，并减少温室气体排放。

GIAHS生态功能开发的途径可以概括为三类：一是生态质量附加值产品开发，如优质有机农产品、特色地方产品等；二是休闲功能开发，如生态型的观光休闲农业、农业生产的“都市—农村”认领机制等；三是生态补偿，与其他生态系统一样，生态农业耕作方式下的农田生态系统的生态功能也存在外部性的特点，在以往的经济核算框架下这些成本或效益没有得到很好的体现，从而错误地低估了生态农业耕作方式的综合效益，可以通过生态补偿激励社会效益大的行为方式，实现生态效益和经济效益的共赢。

四是GIAHS保护与利用对传承传统文化具有重要作用。GIAHS的农产品都有一定的文化、历史、地理和人文背景与内涵，均富有区域特色和民族文化，合理利用这些资源能有效的发展地方经济，继承与传播文化遗产，对弘扬历史文化等具有非常重要作用。日本等发达国家非常重视保护文化的多样性以及对传统知识的传承，这些为其现代高效农业及文化产业发展提供了基础。

GIAHS文化功能开发的途径可以概括为两类：一是文化休闲功能开发，如农业文化遗产地旅游等。农业文化遗产地除了农业生产要素之外，还有其他诸如山水景观、民俗、歌舞、手工艺等资源，既有物质形态，也有非物质形态，共同组合成丰富的旅游资源，受到了很多旅游者的青睐。但同时农业文化遗产地的旅游开发是一把双刃剑，要推进遗产地旅游开发中文化传承的“工具理性”与“价值理性”的融合，使遗产地文化得以正常传承和发展。二是文化附加值产品开发，把农产品和地域文化、地理和历史实现有效的嫁接，促进农业文化遗产地产品的品牌化发展。

（2）若干建议

目前中国在全球GIAHS工作中处于领导地位，取得了一系列世界瞩目的成就，但是还存在一些需要不断完善的地方。结合中国农业文化遗产保护现状，并借鉴其他国家的成功经验，建议开展和加强以下几个方面的工作：

一是进一步加强GIAHS管理。尽快建立农业部牵头、多部门协作的中国全球重要农业文化遗产管理委员会，负责有关管理政策的制定，审核批准中国的全球重要农业文化遗产预备名单，组织申报工作。在目前的中国全球重要农业文化遗产专家委员会的基础上，进一步提高和完善农业文化遗产及其保护相关的技术咨询以及申报与管理的技术支持。规范全球重要农业文化遗产的申报与管理，尽快起草并发布《中国全球重要农业文化遗产规划》《中国全球重要农业文化遗产管理办法》《中国全球重要农业文化遗产预备名单确定办法与遴选标准》《中国全球重要农业文化遗产标识使用办法》等，以规范管理工作，避免可能产生的问题。同时，制定切实可行的管理办法或条例，加强农业文化遗产保护的管理，尤其是遗产地生物多样性的保护和传统文化的传承，促进遗产地可持续发展。此外，通过加强国家和地方财政投入，以及农民合作社等组织的参与，加强遗产地农业基础设施和保护能力建设，并开展有针对性的科学研究，培养相关人才，推动农业文化遗产的保护。

二是进一步完善农业文化遗产保护与发展的规划。被 FAO 认定为 GIAHS 保护试点，只是对遗产地传统农业系统价值的一个肯定，而其今后的保护与发展工作尤其重要。科学规划、合理布局是做好农业文化遗产地保护与发展工作的一个重要保障。要结合农业文化遗产的特点及保护原则，对遗产地进行深入分析，明确保护与发展的优势、劣势、机遇与挑战，提出保护与发展的目标与原则，划定保护范围与主体功能区，从农业生态保护、农业景观保护、农业文化保护、生态产业发展、可持续旅游发展等方面确定保护与发展的具体内容，提出规划实施的保障措施，实现农业文化遗产地的动态保护与可持续发展。

三是进一步加强遗产地的动态保护工作。农业文化遗产的动态保护是一项长期的工作，各个遗产地要通过建立地方的农业文化遗产管理办公室，根据各个地方的特点，加强农业、林业、文化、科技、国土、环保等不同部门之间的协作，切实担负起各自承担的保护工作，共同为农业文化遗产的可持续发展努力。另外，还要加强农业文化遗产地保护的监管工作，定期对其具体情况进行调查。

四是进一步加强遗产地农产品的开发利用和可持续旅游发展。各个农业文化遗产地都有其独具特色的农产品，如云南哈尼梯田的红米、浙江青田的田鱼、江西万年的贡谷、贵州从江的糯稻、内蒙古敖汉旗的小米、云南普洱的普洱茶、浙江绍兴的香榧、河北宣化的葡萄、江苏兴化的芋头、陕西佳县的红枣、福建福州的茉莉花茶等。这些都是重要的种质资源，要在有效保护的基础上进行重点发展，当地其他的特色产品也要好好进行开发利用，充分体现其传统知识和文化的价值，提高产品附加值，带动当地农民的经济发展。此外，也要充分挖掘农业文化遗产地的旅游资源，在扩大对遗产地的宣传和加强保护工作的同时，合理发展可持续旅游。

五是进一步加强国际国内交流活动和科普宣传工作。以农业部国际交流服务中心为依托，组织境外学习考察活动，主要目的是学习国外农业文化遗产保护经验，提高中国农业文化遗产保护与利用水平。组织对外培训活动，主要目的是宣传中国农业文化遗产的保护成就，扩大中国在该领域的国际影响。进一步与 FAO 沟通，积极筹备建立世界农业文化遗产中心。促进国内农业文化遗产学术交流活动，鼓励继续出版《农业文化遗产研究丛书》和《农业文化遗产简报》。以农业部摄影协会为依托，举办农业文化遗产摄影展；以农业电影电视中心为依托，拍摄“农业遗产的启示”电视专题片；以《农民日报》为依托，开办“农业文化遗产”专栏等。通过举办学术研讨会、组织各种培训、出版书籍、印刷宣传资料等，对相关领导、当地社区和社会公众宣传 GIAHS 并分享保护经验，提高政府机构、相关单位、社区和其他利益相关者对农业文化遗产的认识水平和保护积极性。

日本的农业文化遗产保护[1]

日本是一个发达国家，其对农业文化遗产的重视及保护与利用的探索很有借鉴意义。

2011年6月，在北京召开的第三届全球重要农业文化遗产（GIAHS）国际论坛上，日本申报的能登半岛山地与沿海乡村景观、佐渡岛稻田—朱鹮共生系统获得批准，使日本成为第一个拥有GIAHS保护试点的发达国家。2013年5月，日本借助承办第四届GIAHS国际论坛的机会，又一举将熊本县阿苏可持续草地农业系统、静冈县传统茶—草复合系统和大分县国东半岛林—农—渔复合系统成功申报为GIAHS保护试点，从而使其GIAHS数量仅次于我国而居世界第二位。

被称为里山、里海的山地与沿海乡村景观在日本具有悠久的历史，分布较为普遍，位于石川县的能登半岛山地与沿海乡村景观为其典型代表。这一传统农业系统除了山林、梯田、牧场、灌溉池塘、村舍等农业景观外，还有水稻种植、稻谷干燥、木炭制作、海盐生产和传统捕鱼等传统技术。该地的水稻种植和收割仪式则被联合国教科文组织收录为人类非物质文化遗产代表作。

朱鹮有着鸟中“东方宝石”之称，历来被日本皇室视为圣鸟。其拉丁学名“*Nipponia Nippon*”直译为“日本的日本”，以国名命名鸟名，足见朱鹮对于这个国家的重要性。位于新潟县的佐渡岛曾被认为是野生朱鹮的最后栖息地，1998年中国政府赠送两只来自陕西洋县的朱鹮，后人工繁殖成功，数量持续增加。目前的佐渡岛，不仅具有丰富的农业生物多样性和良好的生态环境，也已成为朱鹮的生存乐园，形成稻田—朱鹮共生系统。

熊本县阿苏可持续草地农业系统位于日本九州岛的中部，当地人对寒冷高地的火山土壤进行了改良，并建造出草场用于放牧和割草，形成了当前水稻种植、

---

[1] 本文作者为闵庆文、白艳莹，原刊于《农民日报》2013年8月16日第4版。

蔬菜园艺、温室园艺和畜牧业相结合的多样化的农业生态系统。

静冈县传统茶—草复合系统处于暖温带旱地种植区，是一种典型的绿茶生产与草地管理相结合的传统农业系统。草地环绕在茶树周围，不仅起到保护茶树根部的作用，也提高了茶园土壤肥力，提高了茶叶质量，维持了茶园丰富的生物多样性。

大分县国东半岛林—农—渔复合系统由橡木林、农田和灌溉池塘等组成，其突出的农业生产是利用锯齿橡木原木进行香菇栽培。该系统丰富的农产品不仅为当地居民提供了食物来源和生计保障，其传统的林农管理方式还传承了农耕文化，保护了农业生物多样性。

日本农业文化遗产保护的做法和经验主要有以下几个方面。

一是政府高度重视。大力支持联合国粮农组织的工作，农林水产省有专门机构和人员负责农业文化遗产的申报与管理，遗产所在县知事和市长亲自参加申报工作，各遗产地设立相应的管理机构，环境省通过“生物多样性十年”等计划对传统农业系统和农业生物多样性保护给予支持，编制专门保护规划与行动计划，将农业文化遗产旅游列入国家旅游发展规划中。

二是重视产品开发。充分利用农业文化遗产的品牌和良好的生态环境，开发丰富多样的农产品，如朱鹮米、能登海盐等，不仅增加了农民收入，也培养了文化认同；充分挖掘传统农业系统的文化价值，诸如山水景观、民俗、歌舞、手工艺等丰富的旅游资源，发展休闲农业和乡村旅游。

三是注重综合保护。根据农业文化遗产的系统性、复合性特点，注重农业生产、乡村景观、水土资源、生态环境、乡村文化以及农业从业人员的综合保护。在注重特色农产品保护与开发的同时，特别重视传统农耕技术、农耕习俗的传承和农业生物多样性的保护。

四是重视能力建设。注重城乡联动，积极探索城市居民的认养制度和志愿者制度，既有助于提高城市青少年对于农业文化遗产的认识，也在一定程度上缓解了劳动力资源紧张的困难；编制各类青少年培训教材，组织社区居民参与科普项目，和有关大学及科研机构合作开展培训活动，鼓励年轻人从事GIAHS保护工作；出版相关的图书、视频、邮票等，提高全社会对于农业文化遗产的认识。

与朱鹮共生的佐渡岛[①]

朱鹮这一稀有的美丽鸟类，有着洁白的羽毛、艳红的头冠、黑色的长嘴，以及细长的双脚，有“东方宝石”之称。

朱鹮学名为 *Nipponia nippon*，亦即“日本的日本”，由此足见其在日本的特殊地位。朱鹮历来被日本皇室视为“圣鸟”。

由于适合朱鹮筑巢的高大乔木不断遭到砍伐，以及适合朱鹮觅食的水田大面积改造为旱地，使其生存空间不断缩小，越来越广泛使用的农药更是加剧了朱鹮栖息环境的恶化。加上种群高度密集、繁殖能力低下与抵御天敌的能力较弱等自身原因，造成了朱鹮物种的濒危，被世界自然保护联盟（IUCN）列入濒危物种红色名录。

随着朱鹮栖息地的大面积破坏，特别是日本朱鹮种群逐渐减少，为遏制朱鹮数量不断减少的趋势，日本在新潟县佐渡岛建立了日本朱鹮保护中心，但 2003 年 10 月 10 日，饲养在佐渡岛保护中心的最后一只日本朱鹮“阿金”死亡，标志着日本本土朱鹮全部灭绝。

1 佐渡岛稻田—朱鹮共生系统

1998 年，中国政府将来自陕西洋县的一对朱鹮作为国礼赠送给日本。后来以其为种源，通过生境重建和人工繁育，逐步恢复了朱鹮种群。

朱鹮以稻田生物为食，栖息在高大的树木上，对农业生态系统多样性有很强的依赖性。在大规模开发金银矿时期，佐渡梯田主要用于满足佐渡岛人口剧增的粮食需求，如今的稻田则为朱鹮生存提供了理想的栖息地，从而构成了稻田—朱鹮共生共荣的良好生态系统。

佐渡岛的传统农耕方法十分有利于朱鹮生存，为田中生物提供了一个安全的栖息地。农田灌溉系统及田边洼地，在稻田放干后，为泥鳅、稚虫、蝌蚪等水生

① 本文作者为张永勋、闵庆文，原刊于《中国投资》2018 年第 17 期 69-70 页。

动物提供栖息地；秋收后，水田会被重新灌上水，为田间生物创造了一个全年的生活环境，也为朱鹮提供冬季栖息之地；鱼道可使鱼类和其他小型水生物在田块之间自由活动，也为其提供了逃生通道；与稻田紧邻的水塘为水生生物提供了常年的避护所，也是生活在水田及周围生物的重要食物补给源。2011 年 6 月，“佐渡岛稻田—朱鹮共生系统”被联合国粮农组织认定为全球重要农业文化遗产（GIAHS）保护试点，成为日本第一批全球重要农业文化遗产。

2 佐渡岛全民的行动

为了朱鹮生存的需要，佐渡市政府与有关高校和科研机构合作，制定了一系列激励政策：通过政府补偿，创建“宜居”水田环境。政府制定了一套有利于朱鹮生存的农耕方法和生态恢复方法。对按照要求修筑和管理农田的农户，政府对其进行适当的补贴。例如，对冬季为水稻田灌水的农户，每亩每年补贴 1 332 日元；对修建土质积水沟渠的农户，每亩农田每年补贴 1 998 日元。

一是通过生物调查，监测稻田生态环境。佐渡市政府规定对稻田每年进行两次生物多样性调查，由当地学校的老师组织学生进行稻田生物多样性调查等教育实践活动。为鼓励当地农民积极参与农业文化遗产保护和学习相关知识，当地政府对野生生物调查活动协助组的负责者，每次补贴 4 000 日元。

二是通过品牌认证，提高传统农业收益。佐渡市建立了“与朱鹮共生的家乡”稻米认证制度。使用“培育生物农法”种植稻米，每年进行 2 次生物调查，农药和化肥使用量较常规种植方式减少 5 成，取得“环保农户”认证，生产者四季都严格按照“培育生物农法”种植且持续一年以上的种植户，可获取“与朱鹮共生的家乡”稻米认证，其稻米包装才可用该标识。该稻米价格高于常规稻米 1 倍以上。

三是通过多方参与，共同推动遗产保护。政府号召当地农民积极参加社区志愿者，讲解和宣传佐渡的稻田—朱鹮共生系统的相关知识。许多农村社区将坡度较陡的梯田区收回统一管理，以田块为单位租赁给市民并赋予其署名权，提高使用传统农法的农民收益和市民保护遗产的参与度。当地食品公司对农业文化遗产系统生产出来的农产品进行深加工，并在包装上印刷农业文化遗产 LOGO 和朱鹮图片；旅游企业在火车站、机场等地利用各种宣传媒介对稻田—朱鹮共生系统产品进行推介，通过产业融合发展，提高农业文化遗产地产品的价值和农民保护遗产的意愿。

应对变迁[①]

——日本山地乡村景观保护及对哈压梯田保护的启示

20 世纪下半叶以来，日本国内大量的森林遭到破坏，变更为农地和建设用地。同时，由于农药的使用与使用有机肥料向无机肥料的转变，使得农田的质量不断下降。而农田水利设施的建设阻断了自然的生物廊道。这些变化造成了生物多样性的降低、传统知识逐渐丧失。同时，山区还面临兽害的增加，农村环境污染和竹林的不断扩张等一系列问题，农业生态系统面临严重挑战。

山地乡村景观（在日本被称为“satoyama”，即“里山”）是日本山区的传统农业景观。近 10 多年来，日本一些地方通过对村落周边的山林进行人工干预，定期适当间伐树木，使光线容易到达地面，再通过引水建造水田等培育多样性的动植物，以实现水田农业与林业的互利共生。由于水田还发挥了湿地的作用，所以比起没有人工干预的原生林，这类生态系统更加富饶，还培育出独特的景观和传统文化。2011 年 6 月，位于石川县的能登半岛山地乡村景观被联合国粮农组织认定为全球重要农业文化遗产（GIAHS）保护试点。

日本山地乡村景观在土地利用和景观构成上与哈尼梯田具有极大的相似性，而其所遇到的问题也正是哈尼梯田所面临的挑战。相对于哈尼梯田地区，日本的经济和社会发展水平更高，这也意味着这些生态环境和文化变迁所带来的问题更早的呈现。因而，在应对传统与非传统的挑战、维持农业社区的可持续发展的过程中，日本在山地乡村景观方面的经验无疑具有重要的借鉴作用。

20 世纪 90 年代以来，日本政府和相关社区围绕生境保护、生物多样性保护、传统知识保护和可持续农业发展等展开了大量的活动。这些活动大多直接涉及到传统山地乡村景观的生态管理。其中包括：

---

① 本文作者为袁正、闵庆文，原刊于《世界遗产》2014 年第 9 期 54 页。

国家水平上，建立和不断完善了以生物多样性保护和生态系统维持相关的法律和制度，使山地乡村景观保护行动从政策方向到行为规则都有着明确的限定与指导。

开展创造性的保护项目，通过政府与森林的所有者和管理者签订协定，健全山地乡村景观的公共基础设施，开放传统地区以供参观和旅游，整顿山区森林，关注和控制野生动物的栖息环境。

通过重现祭祀等传统的民俗活动，唤起社区对于历史的记忆。

通过唤醒民众的自然保护意识，展现人与自然和谐相处的传统生存方式，重现地域性传统知识。

通过传统农具调查与传统技艺的学习等社会实践活动，开展传统知识的教育。

凭借联合国大学、金泽大学等研究机构的科研成果，进行科普展览、演讲和各类与农业环境保护相关的宣传活动。

以能登半岛为代表申报全球重要农业文化遗产，并遵循农业文化遗产保护的基本思路，吸引更多利益相关方参与到保护工作中来，在管理上也更具有针对性和适应性。

在能登地区农业文化遗产的管理中，多方参与的保护机制被良好的实践。日本农林水产省等中央部门通过专项资金辅助和政策倾斜以促成对能登半岛山地乡村景观的专门支持。比如开展农业生态环境保护项目；利用条件不利地区的农户收入直补制度，提高农民收入，遏制农业人口的下降趋势；利用促进农村与城市交流等项目，吸引城市居民回归农村；利用基础建设项目，支持梯田景观维护等。

遗产地各相关市、町成立了“能登地区推动GIAHS协议会”，建立区域水平上农业文化遗产的专门管理和协调机构。为了扶持基层组织保护农业文化遗产，石川县政府动员当地的金融机构共同出资53亿日元，建立专门的基金，利用基金运营收益，支持各地开发地区资源（例如，开发祭祀用的黄杨、综合利用林木废料等），振兴地区经济。

企业结合社会责任和发展战略通过各类项目支持了乡村景观和传统农业系统中的农田和旅游基础设施建设与维护。社区居民自发的设计、销售和宣传本地产品，在旅游和其它生态集市上售卖，以此来获得更好的收益。

日本山地乡村景观保护的理念与实践为哈尼梯田生物、文化多样性的保护，农业多功能性的拓展和多方参与的管理模式完善都有所启示。但值得注意的是，日本特别强调对生物多样性的保护，并同时注重景观的维持和传统文化与自然保护的科学教育，而其作为农业生产系统的相关功能只是作为自然生态系统中的一部分。

而哈尼梯田作为我国西南山区稻作梯田的典型代表和山地生态农业的典范，有着壮美绚丽的自然人文景观，丰富的生物与文化多样性。但它归根结底是一个具有悠久历史、高效优质的农业生产系统。两个系统根本功能上的差异决定了两地在保护策略上的偏重有所不同。哈尼梯田的发展中，必须立足于作为主要生产系统的稻作梯田的可持续性发展，以社区农民为利益核心，以农业的多功能扩展来实现景观维持与文化传承。

日本农业文化遗产保护与发展经验及对中国的启示①

东亚地区作为世界农业重要起源地之一，自全球重要农业文化遗产（GIAHS）倡议发起以来，在中日韩等国的积极响应下，已成为GIAHS的主要分布区（截至2015年年底，中国11个，日本8个，韩国2个，3个国家GIAHS数量占世界总数的58.3%）。GIAHS的发掘与保护工作也走在世界的前列，如中日韩三国都发起了各自的国家级重要农业文化遗产（NIAHS）的发掘与保护，并开始了GIAHS的监测与评估工作。此外，在政府管理层面、科学研究层面和企业与农户参与层面，开展了大量遗产保护与发展工作，取得了许多宝贵的经验。尽管日本参与GIAHS项目比中国晚，但由于各级政府对农业文化遗产工作透彻的认识、高度重视和大量的资金投入，以及研究工作者的积极参与，在农业文化遗产保护与发展方面已经开展了大量卓有成效的工作。日本的自然条件和农业经营模式与中国有诸多相似之处，作为发达国家，其在“三农”问题上存在的一些问题，也是中国目前面临的问题。因此，日本在农业文化遗产保护与发展方面的经验和教训，对中国的类似工作有着重要的参考意义。

1　日本农业文化遗产的工作进展

2009年，在联合国大学的推动下，日本开始GIAHS的申报工作，并于2011年成功申报“日本佐渡岛稻田—朱鹮共生系统”“日本能登半岛山地与沿海乡村景观”两个项目，2013年和2015年又分别成功申报3个项目。截至2015年年底，日本的GIAHS数量达到8个，成为全球拥有GIAHS数量第二多的国家。

为了规范农业文化遗产的申报工作，2014年日本农林水产省成立了GIAHS

---

① 本文作者为张永勋、焦雯珺、刘某承、闵庆文，原刊于《世界农业》2017年第3期139-142页。

专家委员会，负责 GIAHS 的推荐评选工作，规范了 GIAHS 的申报程序。日本虽然参与 GIAHS 的申报较晚，但政府高度重视，如 2015 年日本政府已将 GIAHS 写进其下一个五年规划的国家农业政策中。为了扩大农业文化遗产的保护范围，2016 年 4 月，日本发起了 Japan-NIAHS 的评选工作。在 NIAHS 评选标准制定上，以 FAO 给定的 GIAHS 评选标准为基础，并增加了 3 个评选标准：在环境方面，遗产系统对变化的恢复力如何；在社会方面，遗产系统的多方参与状况如何；在经济发展方面，是否建立了新的产业模式，如第六产业。

此外，日本比较注重不同类型 GIAHS 间的平衡。目前日本成功申报的 8 个项目覆盖了种植业（如日本佐渡岛稻田—朱鹮共生系统）、林业（如日本和歌山梅子种植系统）、牧业（如日本熊本县阿苏可持续草地农业系统）、渔业（如日本岐阜长良川流域渔业系统）、农林复合系统（如日本宫崎山地农林复合系统）、农林渔复合系统（如日本大分县国东半岛林—农—渔复合系统）等，这对日本未来农业文化遗产发掘与保护有全面的带动作用和示范意义。

2　日本农业文化遗产的申报与管理

（1）申报程序

在日本国内，GIAHS 申报主要有以下几个步骤：① 申报者（主要是农民组织）向农林水产省的地方工作部门表达申报意愿；② 申请者请求市政府（相当于中国的县政府）向上推荐其申报书，同时邀请科研机构对申报材料给予技术支持；③ 向农林水产省提交申报书；④ 国家农业文化遗产专家委员会对申报书进行评估；⑤ 符合 GIAHS 条件的申报书，由农林水产省提交到 FAO。

（2）管理措施

日本对 GIAHS 采取了一系列的管理措施。如遗产地必须划定保护范围，制定 5 年期的保护与发展行动计划，并由农林水产省组织专家进行检查与评估，一般每个 5 年期里，在第三或第四年进行检查评估，第五年进行行动计划修订。一些遗产地政府还根据遗产系统的内在保护需要，制定相应的经济补偿措施和资金支持，鼓励农民用有益遗产系统保护与恢复的方式生产。如佐渡市政府出台了详细的补偿政策，对那些采用有益生物多样性培育和保护的农耕方法和生态恢复方法，给予相应经济补偿；石川县设立总额达 1 亿美元的石川里山促进基金，用于支持石川里山保护与发展的促进活动；还有些遗产地政府根据保护需要，制定特殊的管理法规，如岐阜市为了保证长良川流域野生鱼的可持续性，设定固定河段内每年固定时期为禁止捕鱼区域。

（3）监测评估

为了确保 GIAHS 的保护效果，2015 年 8 月，日本开始组织 GIAHS 专家委员成立评估小组，对已成功申报的项目进行监测评估。主要采取的办法有：遗产地提交自我评价表（包括过去的行动概要、未来的动行计划、主要的遗产保护与利用指标、对申遗后保护行动的综合评价）；遗产申报者汇报保护行动计划进展；专家委员会的专家实地考察，进行综合评价并提出保护行动建议；发布监测评估结果。

3 日本农业文化遗产动态保护

农业文化遗产申报是为了遗产保护。为了有效保护农业文化遗产，日本政府采取了多种措施。

（1）宏观政策

自 2014 年开始，日本政府每年提出不同国家层面的农业文化遗产保护的政策目标。如 2014 年提出了“乡村、人口与产业重塑”的主题，即通过系列措施改变日本人口不断减少的趋势和大东京都市圈人口过多的状况。其主要思想是根据各农业遗产地区的特征创造有吸引力的就业机会，创造个性的、具有吸引力的区域社会；2015 年提出“粮食、农业和农村地区的基本计划”的主题，目的在于大力推动 GIAHS 的申报，通过农业生产保护和推动生物多样性的利用。2016 年提出“旅游角度下的行动计划”主题，目的在于建立广大民众与遗产地的关系，提高其对农村地区传统农业系统的认识，提升农业文化遗产的价值。

（2）工程措施

为了恢复农业文化遗产系统，日本还以科学家们的科研成果为指导，采取了许多必要的工程措施。如岐阜市为了恢复长良川流域鱼生态系统的稳定性，在河床上构筑适合香鱼繁殖的环境，以提高香鱼的繁殖率，还收集野生香鱼的精子和卵子，通过人工繁殖手段来提高良川流域香鱼的数量；佐渡市则通过修筑可使泥鳅等鱼类和小型水生物在田块间自由活动和逃生的“鱼道”，提高农田水生生物的多样性，为朱鹮提供过冬和觅食的场所。

（3）多方参与机制

农业文化遗产保护作为一种公益性的活动，需要地方农民、企业、政府和广大社会民众的共同参与，才能取得良好的效果。日本在推动多方参与保护方面做了大量的尝试。例如，每年开设农业文化遗产培训班，培训遗产地农民如何按照传统的生态农业生产方式进行生产、如何进行生物多样性调查；不定期召开公众论坛，让农民表达诉求和分享遗产保护经验；农村社区成立传统文化协会，建设传统文化的传承机制，如佐渡市多个社区成立了青年会，培训鬼太鼓和能乐表演来传承这些传统的民俗文化形式；通过构建利益分享机制，推动当地农民参与农业文化遗产保护，吸引城市居民到农村租赁农田、参与农业生产和生活；学校与遗产地合作，对学生进行遗产社会实践教育，如佐渡市中小学校老师与一些社区的生产者联系，共同组织学生到稻田—朱鹮共生系统进行生物多样性调查等教育实践活动，金泽大学的老师与能登半岛的农民合作，每年组织大学生到遗产地上农业生产培训课，深入了解农业文化遗产的价值、生物多样性与生态功能，建立与当地农户之间的联系。

（4）国际合作

为了扩大自己的国际影响力和分享遗产保护经验，日本还积极与其他国家农业文化遗产地进行合作。日本与菲律宾在 GIAHS 方面开展了包括遗产地地方政府间（如石川县、伊富高省）与学术机构间（如金泽大学和伊富高州立大学）的全面合作。主要内容为围绕提高遗产地民众能力建设和年轻农业劳动力培训，进行了“结对子”式的合作。如 2015 年日本与菲律宾在伊富高梯田举办了第二届可持续发展和能力建设培训，课程主要涉及农业品种、农业生产过程、生态平衡问题、传统文化和生态旅游等内容。此外，2014—2015 年，日本还与不丹、柬埔寨、印度尼西亚、越南等国进行了农业文化遗产的保护工作交流与合作。

4　日本农业文化遗产地产业发展

农业文化遗产作为一种稀有资源，具有多重的经济价值，同时因其世界级或国家级的遗产品牌效应，具有明显的产业发展优势。目前，农业文化遗产面临的主要问题是因农业的比较效益低而造成乡村人口大量流失，进而使农业文化遗产系统难以维继。通过发展产业提高经济收入是农业文化遗产保护重要的间接手段。日本在农业文化遗产地产业发展方面开展了不少卓有成效的工作，主要表现在遗产品牌打造、产业链的综合开发两大方面。

（1）品牌打造

通过建立“认证制度”，树立遗产地的生态品牌。日本佐渡市通过建立“与朱鹮共生的家乡”品牌稻米的认证制度，激励居民利用传统的生态农业种植方面进行生产。该认证制度要求农户首先必须通过“环保农户”认证（使用“培育生物农业作业法”种植稻米，每年进行两次生物调查，农药和化肥使用量较常规种植方式至少减一半）才有资格申请“与朱鹮共生的家乡”稻米认证。获得认证的稻米（稻米必须是遗产地农田生产，生产者四季都严格按照“培育生物农业作业法”进行种植并持续一年以上）可使用“与朱鹮共生的家乡”标识。通过品牌打造，使用“与朱鹮共生的家乡”认证的稻米价格比常规种植方式下的稻米价格高出一倍，品牌得到了广泛的信赖。日本静冈县茶—草复合系统则推行了传统茶种植方式“实践者认证制度”。获得认证农户生产的茶产品比常规方式生产的茶产品价格更高，消费者认可度也更高，市场更加广阔，而且在发展观光农业时具有优先权。此外，日本政府还授予 GIAHS 项目点在其产品上标注“世界農業遺產”字样的权利，以提高遗产地产品的识别度和价格。

（2）产业体系开发

为了充分利用遗产品牌优势，促进农业文化遗产地经济发展，日本许多遗产地还进行了农业文化遗产创意产品开发设计、遗产地产业链开发和多功能农业及加工业发展。能登半岛里山里海地区通过发展种植业、牧业、水产业等复合农业和农产品加工业，创立出了“能登一品（Noto-no-Ippin）”品牌，该品牌旗下包括盐、蝾螺贝、柿子、能登米等 32 种产品。佐渡市的许多公司也以遗产地的农产品为原料发展加工业，生产出一系列的深加工产品。如印有农业文化遗产 LOGO 和朱鹮图片的寿司、饼干、大米、杂粮、牛奶等食品；印有朱鹮图案的衣服、玩具、挂饰、模型、刺绣和画框等装饰品，作为旅游纪念品出售。还利用农业文化遗产的优美景观和文化资源，发展旅游业。如能登市在梯田梯埂上安装霓虹灯，营造梯田夜景，发展观光旅游；佐渡市利用其千枚田，发展乡村休闲农业。

5 几点启示

在 GIAHS 发掘与申报方面，中国尽管是拥有数量最多的国家，但是遗产的类型比较单一，目前还没有水产养殖和草原牧业类型的项目。因此，在未来应注意农业文化遗产申报类型上的均衡性。

在资金支持方面，应扩大资金来源渠道，如在农业文化遗产地设立专项基金保证农业文化遗产保护与发展工作的持续有效开展。在农业文化保护与管理方面，应全方位开展各种形式的宣传、交流与合作，提升公众对农业文化遗产和农业文化遗产地产品品牌的认知度，吸引不同职业和不同地区的人，参与到农业文化遗产的保护之中。

在产业发展方面，可建立多种沟通机制和利益协调机制，使本地企业、科研单位、政府和农民充分交流合作，推动一二三产业深度融合，开发更多的延伸产品，打造农业文化遗产特色品牌，提高农业文化遗产的经济效益。

在科学研究方面，应号召多学科的研究者参与农业文化遗产系统的研究，并设立研究专项基金给予研究者资金支持，全面解析农业文化遗产系统的内在可持续机制，为农业文化遗产系统的修复、保护与资源的科学利用提供科学指导。

韩国的农业文化遗产保护[①]

自2011年开始启动农业文化遗产保护工作以来，韩国在农业文化遗产申报、认定、保护、发展等方面推进速度很快，并取得了显著成效，许多做法非常值得我们学习。

一是明确了农业文化遗产的概念与内涵及保护的紧迫性和重要性。根据联合国粮农组织关于全球重要农业文化遗产的定义，确定农业文化遗产是指在长期的农业（包括农林牧渔）生产活动中形成并发展的具有保护与传承价值的农业生产系统以及乡村景观。作为体现民族生活睿智的珍贵财富和民族文化精髓的农业文化遗产，正逐渐被人们弃置甚至逐渐消失，应该受到保护。农业文化遗产的认定和管理有助于确保"三农"（农业、农村、农民）的整体性，提升民族自尊心和国民生活质量。

二是确定了政府主导、多方参与的保护思路。农业文化遗产资源具有公共属性，需要国家来进行管理。由于对农业文化遗产的经济、生态、社会价值认知程度的不同，若靠个人管理很容易使其变形甚至消亡。为此，韩国农林畜产食品部计划在3年内给每个被认定为全球重要农业文化遗产的地方提供15亿韩元（约合840万元人民币）经费，用于支持农业文化遗产的恢复、保护及环境整治和旅游配套设施建设。成立了由有关科研单位和高等学校相关专业专家组成的韩国乡村文化遗产协会（Korea Rural Heritage Association，KRHA），负责农业文化遗产及其保护研究、科学普及等工作。在被认定为农业文化遗产的地区，由市、郡和居民协会签订管理协约，对遗产进行管理。

三是强调农业文化遗产的动态保护与多功能利用途径。仅靠农业经营收入将难以为继，有必要对农村空间灵活利用，创造出更多的附加收入，形成遗产产业（Heritageindustry）以确保持续的收益。通过建立遗产登录制度和加强宣传，促

① 本文作者为闵庆文、何露，原刊于《农民日报》2013年10月18日第4版。

进旅游业发展。

四是开展了国家级农业文化遗产认定。根据联合国粮农组织关于全球重要农业文化遗产的遴选标准，并结合韩国的实际情况，制定了包括价值（历史性、代表性、基本特征）、合作（合作程度、参与程度）与效果（品牌、活力与生物多样性）等指标的韩国国家重要农业文化遗产认定标准。经国家农业文化遗产审查委员会评定，在所申报的64个传统农业系统中，确定了13个候选地。2013年1月，韩国农林畜产食品部正式决定将“青山岛板石梯田农作系统”和“济州岛传统石墙农业系统”分列为第1号和第2号国家农业文化遗产；另外11个待重新补充资料后再行审议。

五是积极申报全球重要农业文化遗产并参与国际交流。韩国2012年开始全球重要农业文化遗产申报的准备工作，确定将“济州岛传统石墙农业系统”和“青山岛板石梯田农作系统”作为候选点，2013年5月农林畜产食品部和两候选地的官员和有关专家参加了在日本召开的第四届全球重要农业文化遗产国际论坛，并进行报告交流，6月邀请粮农组织专家进行实地考察，7月正式将申报文本报送联合国粮农组织，8月组织召开“中日韩农业文化遗产国际研讨会”，邀请中、日两国专家进行实地考察和咨询。

“济州岛传统石墙农业系统”位于济州岛这一朝鲜半岛最南端的著名火山岛上，主要集中分布在济州岛旱地农业区，面积541.9平方千米，以柑橘和旱地作物生产为主。当地多火山灰、岩石和风吹的火山岛环境使得济州岛成为了农业资源的贫瘠区。该系统最大的特点在于当地农民利用土壤中的石头，堆砌成了一条长度超过22 000千米的“石墙”，用以抵御风沙和防止水土流失。得益于“石墙”的保护，济州岛农业才可以与自然灾害抗衡1 000多年而不毁，并保护了区域内其他生物免受自然灾害的“迫害”。可以说“石墙”的修建为济州岛农业生物多样性的保存、优美农业景观的构建及农业文化的传承做出了巨大的贡献。

“青山岛板石梯田农作系统”位于全罗南道莞岛郡的青山岛，始建于16世纪，主要种植水稻。青山岛地形坡度大，以沙质土为主，多岩石、严重缺水的干旱环境使得该地区的耕地资源十分有限。然而，当地农民通过世世代代的不断努力构建了可持续的农业生态系统：在不利于耕地的地区铺上板石，并在其上面覆盖泥土，“板石梯田”便由此应运而生，陡坡变成了梯田也使得水稻生产在当地成为了可能。“板石梯田”的特别之处在于由板石形成的涵洞，它是梯田重要的灌溉和排水系统。通过这一充满聪慧的方式使梯田流出的水不再在地表流淌，而是转为地下，继而更易于梯田水上下间的输送及水田—旱地的转化。每年农耕之前，附近的农民都会自发集体参与梯田的修护及加固工作，这种合作互利的生产习俗在当地得到了很好的保存和传承。

韩国农业文化遗产的保护与发展经验[①]

2002年，联合国粮农组织（FAO）发起了全球重要农业文化遗产（GIAHS）保护倡议，旨在对全球重要的、受到威胁的传统农业系统进行保护。东亚地区是世界农业重要的起源地之一，现已成为GIAHS的主要分布区。尽管韩国2016年底前仅有“青山岛板石梯田农作系统”和“济州岛石墙农业系统”两项，但由于各级政府、农户社区、科研机构等对传统农业文化的高度重视，韩国在农业文化遗产的保护与发展方面开展了一系列卓有成效的工作。中韩两国地域相近，有着相近的农业起源与发展历史，而社会经济和农业发展处于不同阶段。因此，总结韩国农业文化遗产保护与发展的经验，对中国农业文化遗产的动态保护和可持续发展具有重要意义。

1　韩国农业文化遗产现状

2000年之前，韩国政府在农村发展过程中采取城市化政策等措施，忽视了传统农业的重要价值，农业发展陷入困境。进入21世纪以来，韩国政府逐渐认识到了农业、农村的重要作用，在政策上注重农村的协调发展，以改善农村社区生活质量和发掘利用农业资源为目的，强调农业在生态、文化等方面的独特价值。2012年3月，韩国粮食、农业、林业和渔业部（MIFAFF）正式开展韩国农业和渔业遗产（Agriculturaland Fishery Heritage Systems，AFHS）的认定和评选工作。同年12月，粮食、农业、林业和渔业部颁布并实施了《韩国国家级重要农业和渔业遗产的管理方针和遴选标准》，选定位于全罗南道南部的“青山岛板石梯田农作系统”和济州岛的“济州岛石墙农业系统”作为韩国首批GIAHS候选点，于2013年1月提交至FAO审议。2014年4月，在意大利罗马举行的FAO

① 本文作者为杨伦、闵庆文、刘某承、焦雯珺，原刊于《世界农业》2017年第2期4-8页。

GIAHS 指导委员会 / 科学委员会会议上，“青山岛板石梯田农作系统”和“济州岛石墙农业系统”成为韩国首批 GIAHS 项目。

与中国、日本统一认定和评选的方式不同，2013 年 3 月，韩国将渔业文化遗产从韩国重要农业文化遗产（Korea Important Agricultural Heritage Systems，KIAHS）中分离，于 2015 年正式启动韩国重要渔业文化遗产（Korea Important Fishery Heritage Systems，KIFHS），分别交由农业食品与乡村发展部（MAFRA）和海洋渔业部（MOF）实施发掘和保护工作。截至 2016 年年底，韩国共认定 6 项重要农业文化遗产和 3 项重要渔业文化遗产。6 项韩国重要农业文化遗产包括已成功入选 GIAHS 的“青山岛板石梯田农作系统”和“济州岛石墙农业系统”，2014 年 6 月认定的“潭阳郡竹林系统”和“求礼郡山茱萸种植系统”，以及 2015 年 3 月认定的“锦山郡人参种植系统”和“河东郡野生茶文化系统”。3 项韩国重要渔业文化遗产分别为 2015 年 12 月认定的“济州岛海女渔业系统”“宝城郡泥船渔业系统”和“南海郡传统竹堰渔业系统”。按照农业食品与乡村发展部的计划，未来至少每年认定 2 项重要农业文化遗产，预计到 2019 年，韩国重要农业文化遗产数量将达到 14 项。

2　韩国农业文化遗产的遴选标准和认定程序

（1）遴选标准

按照 FAO 关于 GIAHS 的遴选标准，并结合韩国的实际情况，韩国政府制定了详细的“重要农业文化遗产遴选标准”，分为价值、合作、效果三大类。

① 价值类指标包括遗产地的历史性、代表性和基本特征。遗产地的农业活动应当有 100 年以上的历史，且具有可持续性；在本地区或区域内具有一定的代表性，具备独特的景观特征和巨大的旅游、娱乐发展潜力；系统内拥有独特的土地或水资源管理特征，如知识体系和技术、特色农产品、维持生物多样性等。

② 合作类指标包括合作程度、参与程度。合作程度用于衡量遗产地政府和居民针对遗产系统的保护和管理计划；参与程度侧重于遗产地社区（包括非政府组织）对遗产系统的保护、维持和推广所采取的一系列措施。

③ 效果类指标包括品牌、地区活力和生物多样性。品牌用于衡量遗产地是否有助于提升农产品的品牌价值和区域形象；地区活力体现在促进地区经济发展、提高遗产地游客数量等方面；生物多样性是指采取传统的耕作方式以提升生物多样性，并生产出独特的农产品。

在“重要农业文化遗产遴选标准”的基础上，韩国政府制定了针对渔业系统的“重要渔业文化遗产认定标准”，分为特征、历史、地域性三大类：

① 特征类指标包括食物安全、生物多样性、知识体系、传统文化、景观。即渔业活动所获得的产品是居民重要的食物来源，对维持地区的食物安全具有重要意义；系统内具有独特的知识体系和传统文化积累；系统及周边区域应当具备独特的景观特征。

② 历史类指标表示经认定的传统渔业系统一般具有60年以上的历史，其渔业活动持续至今。

③ 地域性指标包括地方政策、居民认可度、可持续发展力、价值提升措施。即遗产地政府应当完成保护与管理规划的编制，制定用于遗产维护的地方法令和财政支持措施；遗产地居民具有较高的遗产保护意识和自豪感；遗产系统具有可持续性，能够促进本地区的社会经济发展。

（2）认定程序

韩国重要农业文化遗产和重要渔业文化遗产的认定程序相似，主要过程为：

① 遗产申请地依次向郡、道和农业食品与乡村发展部或海洋渔业部递交认定申请，包括遗产申报说明、地籍数据信息、社区协会的同意函等材料。

② 由农业食品与乡村发展部或海洋渔业部派遣项目官员和专家对遗产地进行实地调查，侧重核实申报材料的真实性和适用性。

③ 遗产申请地按照评估结果完善后进行再评估。

④ 评估完成后，由农业食品与乡村发展部或海洋渔业部认定成为韩国重要农业文化遗产或韩国重要渔业文化遗产。

⑤ 经认定的韩国重要农业文化遗产或韩国重要渔业文化遗产所在地政府在一年内提交详细的保护与管理计划，内容包括遗产地规划、金融投资计划、合作计划等。

3 韩国农业文化遗产的保护与发展措施

韩国农业文化遗产的管理由中央政府、遗产地政府、社区委员会、专家组共同负责。中央政府如农业食品与乡村发展部和海洋渔业部负责遗产认定、政策制定、遗产评估等；遗产地政府负责遗产申报、制定利用和管理计划、遗产监测等；社区委员会负责管理与保护任务的执行和开展自发性管理活动；专家组主要为遗产系统的恢复和可持续发展提供咨询和科技支撑。为实现农业文化遗产的有效保护，韩国政府制定了一系列保护与发展措施，从国家层面到遗产地社区，实现农业文化遗产的全面保护。

（1）各级政府高度重视

一是财政支持。传统农业地区，经济发展水平较低，采取财政支持手段能有效激励传统农业资源的发掘、管理和利用，促进地区的经济发展和居民生活质量的提高，实现农业文化遗产的保护和发展。2013 年，韩国启动了“农村多种资源综合利用项目”，为农业文化遗产地提供财政支持，用于农村多种资源的利用研究和开展农业文化遗产的发掘与保护工作。为每个重要农业文化遗产所在地提供为期 3 年共计 150 万美元的预算支持，其中 70% 由农业食品与乡村发展部提供，30% 来自遗产地政府；为每个重要渔业文化遗产所在地提供为期 3 年共计 70 万美元的预算支持，其中 70% 由海洋渔业部提供，30% 来自遗产地政府。

二是政策制定。为实现农业文化遗产的系统化管理和规范化保护，韩国政府及遗产地政府颁布了一系列政策、法规。2012 年，韩国粮食、农业、林业和渔业部颁布并实施了《韩国国家级重要农业和渔业遗产的管理方针和遴选标准》。2015 年，韩国政府针对农业文化遗产的认定颁布了特别法令。同年，针对韩国重要渔业文化遗产的保护和利用颁布特别法令，用于提高从事渔业活动农民的生活质量，促进传统渔业地区的社会发展。

三是制度建设。针对韩国重要渔业文化遗产，海洋渔业部成立了 20 人的咨询委员会，任期 2 年，成员由政府或相关机构任命产生，包括 4 名当然委员和 16 名学者专家，涉及食品、文化、景观、生态、海洋或渔业、渔业区域发展 6 个领域。主要职能是建立韩国重要渔业文化遗产的认定标准，完成遗产的认定、命名，协助遗产地政府实施有效管理等。同时，为实现遗产地的科学管理和可持续发展，韩国政府针对农业文化遗产地建立了严格的监测与评估制度。经认定的农业文化遗产地，由农业食品与乡村发展部每年进行 1~2 次的定期评估，认定后的第四年接受终期评估。评估内容涉及财政预算执行情况、遗产地数据库建立、遗产区域变化、居民参与度、访问者数量变化、教育与能力建设、GIAHS 申报准备等。“青山岛板石梯田农作系统”和“济州岛石墙农业系统”已于 2014 年 11 月完成了首期评估，“潭阳郡竹林系统”“求礼郡山茱萸种植系统”“锦山郡人参种植系统”和“河东郡野生茶文化系统”的首期评估于 2016 年 4 月开始实施。

（2）建立多方参与机制

一是地方政府。相比中央政府的宏观调控，遗产地政府多采取针对性的政策手段，以促进地区发展和生物多样性维持。为保护“济州岛海女渔业系统”的生物多样性，当地政府每年设立禁渔期，控制捕鱼总量。宝城郡泥质区是公认的全球5大泥质区之一，为促进“宝城郡泥船渔业系统”的可持续发展，当地政府建立了渔村合作社行政制度，实现传统渔业知识系统的传承与发展。“青山岛板石梯田农作系统”建立了稻田所有权制度，以促进农户提高经济收入。

二是社区参与。农业文化遗产的保护要重视多方参与机制的建立，尤其是建立社区的参与机制，通过广泛的参与形成农业文化遗产保护的支撑力量。作为韩国农业文化遗产保护与管理的主要执行机构，大部分遗产地政府就地成立了农业文化遗产委员会或保护协会。“青山岛板石梯田农作系统”以坚持传统生产方式的农户为主体成立了保护协会，开展了包括建立学校、进行农业文化遗产保护与管理培训等在内的“青山岛计划”。“济州岛石墙农业系统”成立了济州岛农业文化遗产委员会，其职能包括：原址重建并维护济州岛石墙，成立石文化研究院，资助石文化研究专家，筹备石文化艺术节等。

三是学术支撑。学术界的科技支撑对促进农业文化遗产的发掘、认定和保护具有重要意义。在农业食品与乡村发展部的支持下，韩国乡村遗产协会组织各个领域的学术专家开展了农业文化遗产的发掘和相关研究。此外，遗产地根据自身遗产特征，成立了相应的研究机构，如济州岛石文化研究院、锦山郡国际人参—药草研究所等，为本地区农业文化遗产的管理和保护提供科技支撑。求礼郡地区农民自发组织具备丰富农业知识与技术的农民专家团队，联合山茱萸研究专家和政府机构，共同开展了山茱萸种植现状调查，并形成了在线数据库系统。

（3）品牌塑造与产业联动

一是品牌塑造。韩国政府十分重视农业文化遗产的品牌塑造，在国家层面上，设计并推广了代表韩国传统种植文化与农乐习俗的重要农业文化遗产标识和寄托了渔民对海洋安全和丰富的捕鱼量的向往的重要渔业文化遗产标识，并完成了标识的商标注册。各遗产地政府以本遗产系统的特征为基础进行品牌开发。锦山郡以锦山人参为核心，分别在城市文化、饮食文化、产品深度开发等方面进行品牌塑造。锦山郡以拟人化的人参动漫形象作为城市标签，在道路护栏、河堤等基础设施上进行展示，提高本地居民和参观者对锦山人参的认知度；围绕人参，传承并丰富了参鸡汤、炸人参等饮食文化，丰富了人参种植系统的文化内涵；扶持并推出了锦红、正官庄等人参深加工品牌，研发了人参糖、人参酒、红参丸、红参原液、人参洁面皂等产品，并采取影视剧植入等媒体传播方式，向韩国国内及国外地区进行推广，有效实现了品牌塑造，并促进人参种植户提高经济收入。

二是旅游产业。农业文化遗产作为一种旅游资源已经得到了广泛的认可，并将农业文化遗产旅游视为农业文化遗产动态保护的重要途径之一。遗产地政府通过加强“硬件”和“软件”建设，以促进旅游产业发展。

“硬件”建设以建立农业文化遗产博物馆和体验服务中心等为主。现已面向游客开放的遗产地博物馆，包括锦山郡人参博物馆、济州岛海女文化博物馆等。青山岛以“板石梯田系统”和“慢城市”为特色开发乡村旅游产品，并建立了游客体验中心等设施，提高了服务接待能力。济州岛作为韩国重要的旅游目的地，以“石墙农业系统”为核心开发了石墙古道游、石墙重建等生态旅游项目，并筹备建设石墙体验主题公园，增强“石墙农业系统”的旅游影响力。

“软件”建设包括保留并发扬传统节庆活动和普及农业文化遗产思想。传统节庆活动如“锦山郡人参种植系统”的开参节、“济州岛海女渔业系统”的海女节、“济州岛石墙农业系统”的石墙文化节、宝城郡渔民农历大年初一到第一个月圆日的传统休渔期等在农业文化遗产保护的推动下得以继续传承。按照韩国重要农业文化遗产监测与评估的具体要求，各个遗产地需培训专业的遗产解说员，向当地学生、遗产地参观者及社会各界普及保护农业文化遗产的思想。求礼郡政府邀请城市居民实地参观“求礼郡山茱萸种植系统”，了解山茱萸种植系统的历史意义和景观特征。同时，向当地中小学生普及农业文化遗产的相关知识，提高社会各界对农业文化遗产重要价值的认识。“河东郡野生茶文化系统”拥有 1200 多年的历史，是韩国历史最为悠久的农业文化遗产。为促进传统茶文化的传承，河东郡政府在当地小学开设了茶文化课程，内容涵盖茶文化的价值和传统礼仪，至今已有 20 多年。

（4）加强区域间合作交流

为实现农业文化遗产保护经验的交流，韩国建立了面向国内外的合作交流机制。在中央政府的推动下，韩国国内建立了重要农业文化遗产地网络，实现遗产地间保护和管理信息的共享。同时，积极与其他国家就农业文化遗产保护进行合作，建立交流机制。在 2013 年 8 月于韩国举办的“中日韩农业文化遗产保护研讨会”上，中日韩三国专家达成统一意见，正式成立“东亚地区农业文化遗产研究会（ERAHS）”，并形成了轮流主办东亚地区农业文化遗产学术研讨会的学术交流机制。第三届东亚地区农业文化遗产学术研讨会于2016年6月在韩国忠清南道锦山郡成功举办，会议得到了韩国农业食品与乡村发展部、海洋渔业部、乡村社区法人团体、地方政府的支持和韩国乡村遗产协会等机构的积极推动。此外，韩国政府积极与其他遗产地国家就农业文化遗产保护与管理形成合作谅解备忘录，并派遣项目官员和学者赴“贵州从江侗乡稻鱼鸭系统”等地进行实地考察。韩国各级政府和机构积极邀请联合国大学、中国科学院地理科学与资源研究所等科研机构的项目官员、学者实地考察韩国的农业文化遗产，就韩国农业文化遗产的保护与发展进行咨询交流。

4 韩国农业文化遗产经验对中国的启示

（1）多类型发掘与保护

中国目前（2016年年底）拥有11项GIAHS和62项国家级重要农业文化遗产（NIAHS），农业文化遗产基数较大，但遗产类型重复率较高。因此，可以借鉴韩国采取分类型申报和管理的方式，促进遗产类型的均衡化和多样性发展。

（2）品牌深度开发

中国农业文化遗产的品牌意识普遍较为薄弱，深加工产品类型单一，围绕核心农产品的开发力度较弱，制约了遗产所在地社会经济的可持续发展。应当建立遗产所在地政府、本地企业、科研单位、种植户等利益相关者的多方协作机制，围绕核心农产品进行多维度开发，挖掘并建立具有本地特色的品牌，提升农业文化遗产的社会影响力和经济价值。

（3）加强文化传承

相比韩国政府开展的一系列传承工作，中国农业文化遗产地的文化传承工作有待提升。农业文化遗产是中小学生体验传统农耕文化、传承农耕文明的“天然课堂”。目前，中国“浙江青田稻鱼共生系统”和“云南红河哈尼稻作梯田系统”等部署开展了面向中小学生的农耕体验活动和课外读物编制工作，未来应当有更多的传统农业地区开展相关活动，帮助青少年了解并传承中国悠久的农耕文明。

日本与韩国的农业文化遗产发掘与保护经验[①]

截至2018年4月，中国的15项全球重要农业文化遗产（GIAHS），排名世界第一，日本以11项位居第二，韩国则以4项排在第三。日韩两国与我国地域相近，农耕文化起源与发展联系密切，尽管经济快速发展，但对传统农耕文化的重视以及农业文化遗产发掘与保护的经验，具有重要的借鉴价值。

1 机构设置与技术支持

日本建立了由每个GIAHS地代表组成的全国性网络日本GIAHS网络（J-GIAHS Network），每年两次左右不定期轮流组织各遗产地之间的交流活动。每个遗产地都在地方政府的支持下，成立了GIAHS推进协会。形成了政府制定遗产保护规划、协会负责实施的格局，除农业部门外，旅游、文化等部门也会参与其中。

日本和韩国都非常重视遗产发掘与保护的技术支持。日本农林水产省组建了专家委员会，负责全球重要农业文化遗产的遴选与推荐以及国家重要农业文化遗产（NIAHS）的发掘与保护工作。韩国则成立了韩国乡村遗产协会（KRHA），负责国家级农业文化遗产（韩国文化农业遗产即KIAHS与韩国渔业文化遗产即KIFHS）的发掘与GIAHS申报及保护的指导。

充分依赖有关高等学校、科研机构、咨询公司等提供技术支持，也是日韩在农业文化遗产保护方面的一大特色。在日本，除联合国大学（UNU）外，东京大学、综合地球环境研究所（RIHN）、静冈大学、金泽大学、九州大学等积极参与农业文化遗产保护研究。在韩国，协成大学、东国大学、韩国农村经济研究院、济州发展研究院、忠清南道研究院、名所咨询公司等都是农业文化遗产的重要技

① 本文作者为张碧天、闵庆文，原刊于《世界遗产》2018年1-2期128-131页。

术支撑机构。

2 保护基金与专项支持

针对农业文化遗产地经济发展水平较低的现实，韩国采取了强有力的财政支持手段，以激励农业文化遗产的发掘和保护，促进地区的经济发展和居民生活质量的提高。2013 年，启动了“农村多种资源综合利用项目”，专门设置了农业文化遗产保护内容。为每个重要农业文化遗产提供为期 3 年共计 150 万美元的支持，其中 70% 由农业食品与乡村发展部提供，30% 来自地方政府；为每个重要渔业文化遗产提供为期 3 年共计 70 万美元的支持，其中 70% 由海洋渔业部提供，30% 来自地方政府。

日本的 GIAHS 资金支持主要与各项支农专项相结合，支持力度和覆盖面都较为可观。地方政府申请 GIAHS 保护资金的渠道多样，可以申请相关项目（如农村振兴项目），或从企业、协会等单位获得赞助与支持。石川县设立了总额达 1 亿美元的石川乡村景观促进基金，用于支持石川农业文化遗产保护。佐渡市出台了农业文化遗产保护的补偿政策，对创建有益于生物栖息的稻田环境的农耕活动进行补贴。日本的一些地方银行也提供了农业文化遗产保护与振兴基金，从事 GIAHS 开发的企业也会拿出部分利润来反哺农业文化遗产的保护。

3 人才培养与能力建设

日本金泽大学在人才培养和能力建设方面的工作最为突出。在中村浩二教授的带领下，他们和能登半岛地区建立了长期的合作关系，主要开展了三个方面的工作。一是组织当地农民和研究人员参与遗产地生物多样性与农业生物多样性的调查工作，在遗产地的不同观测点进行连续观测；二是充分利用农业文化遗产地的教育资源，每年组织大学生前往遗产地进行调研；三是连续开设针对城乡年轻人的研究生培训课程，课程为两年制，目前有约五分之一的毕业生继续留在能登半岛从事相关工作。

在东京大学原教授林浩昭的推动下，由来自日本大分县国东半岛林—农—渔复合系统、熊本县阿苏可持续草地农业系统和宫崎县山地农林复合系统的中学生，开展了每年一次的旨在认识农业文化遗产、保护农业文化遗产的知识竞赛活动。学生们通过前期调查，撰写报告，现场陈述，由专家确定获奖者，并在竞赛期间到遗产地进行考察。

通过博物馆展示、遗产地体验等活动，开展农业文化遗产保护与传承工作，日本与韩国都有很好的实践。在多个 GIAHS 项目地，都建有博物馆或展示中心，融宣传教育、市民活动、商品销售等多种功能为一体。

4 农民主体与多方参与

日本和韩国的农村老龄化都很严重，为了应对农业文化遗产劳动力需求，通过小型机械的使用，降低劳动强度，可以发挥留守老人的作用。韩国还通过有关培训活动，提高农民的文化自觉性与参与积极性。另外，则是创新农业发展模式，动员市民广泛参与。

佐渡岛稻田—朱鹮共生系统于 2011 年被认定为全球重要农业文化遗产保护试点，其“认养”与“志愿者”模式可谓是 GIAHS 保护工作颇有特色的方式。通过“认养”模式让城镇居民、农村社区在 GIAHS 保护的同时还实现了合理的惠益分享，是一种长效的保护机制。“认养”模式是指将系统内一部分种植意愿较低的农户的地块收归社区统一管理，社区以田块为单位推向市场，租赁给市区居民，同时负责管理生产和租金分配。承租人可以从每块田块中获得 30 千克大米、田块的署名权及知情检测权，还可以自愿参与田间劳动。

佐渡市通过组织各类志愿者培训班，引导有 GIAHS 保护积极性的群体切实加入到保护行动中去。将每年 6 月的第二个星期日和 8 月的第一个星期日作为佐渡岛野生动物调查日，在稻田进行两次生物多样性调查，每次调查都会召集当地的中小学生作为志愿者协助工作，并对他们进行野外调查培训。学生在调查过程中既锻炼了动手能力，又加深了对遗产的认识，增强了遗产保护意识。此外，随着佐渡岛生态环境的恢复，外来游客数量逐渐上升，政府号召组织当地农民参与社区培训成为志愿者导游，为游客宣传讲解 GIAHS 相关知识，提高公众保护遗产的意识。

5 品牌塑造与标志使用

树立遗产地公用品牌、提高农产品价值，是农业文化遗产保护的重要手段。日本佐渡岛稻田—朱鹮共生系统为打造“朱鹮米”品牌，规定通过“环保农户”认证的农户才有资格申请“朱鹮米”的认证，获得环保认证的农户严格按照生态农业的种植方法进行种植并维持一年以上方可使用“朱鹮米”的标志。静冈县茶—草复合系统建立了“实践者认证制度”，获得认证的茶产品比常规生产的茶叶获得更高的消费者认可，价格也超出许多。岐阜县长良川流域渔业系统在获得GIAHS授牌一周年时进行了专用标识使用遴选和授权活动，由GIAHS推进协会负责管理。

为了更好地进行宣传和品牌保护，日本每个GIAHS项目都设计了自己的标识，并制作了一系列的宣传品。岐阜县在获得GIAHS认定后，组织了面向中学生的标识设计征集活动，最后评选出获胜者并作为法定标识使用，这一活动对于提高市民特别是青少年学生对农业文化遗产的理解和认识产生了积极作用。

6　农业发展与产业融合

农业文化遗产保护必须坚持农业生产为中心与农业功能拓展相协调的原则，这在日韩农业文化遗产保护中有着很好的表现，而且农业生产还注重农业物种资源的保护、传统农耕技术的保护及与现代技术相结合。在科研机构专家的指导下，岐阜市在河床上构筑适合香鱼繁殖的环境，以提高香鱼的繁殖率；收集野生香鱼的精子和卵子，通过人工繁殖手段提高长良川流域香鱼的数量。佐渡市通过修筑“鱼道”，提高农田水生生物的多样性，为朱鹮提供越冬和觅食的场所。

能登半岛地区注重特色农产品与食品加工，借助GIAHS品牌和良好的农业生态环境，开发出丰富多样的特色农产品，创立出“能登一品（Noto-no-Ippin）”品牌，品牌旗下包括盐、蝾螺贝、能登米、柿子等32种产品，打响了能登半岛GIAHS的名号。佐渡市、静冈县也生产了印有地方特色GIAHS标识的深加工农产品，如静冈深蒸茶、佐渡米制作的饼干、寿司等。

日本非常重视农业文化遗产系统中的文化元素保护与文化旅游产品的开发。佐渡市多个社区成立了青年会，培训鬼太鼓和能乐表演实现传统民俗的保护传承，同时依托这些民俗文化资源开发了体验式旅游产品，定期为游客表演，并设置了游客学习环节；将朱鹮作为遗产系统的特色标志，生产了系列印有朱鹮图案的衣服、玩具、挂饰、模型、刺绣和画框等装饰品作为旅游纪念品出售。能登市在梯田田埂上安装霓虹灯，营造梯田夜景，发展观光旅游。岐阜将每年7月第三个星期日定为“香鱼日”，并举办庆典，鼓励民众积极参与互动，提高遗产知名度，并根据标志制作了如鱼形钥匙链、鱼形筷子垫等纪念品。韩国锦山郡将拟人化的人参动漫形象作为城市标签，进行多类型的媒体宣传，提高遗产地的知名度。

一个值得借鉴的经验是，当以农业部门牵头的 GIAHS 申请获得通过后，旅游管理部门和旅游公司及时跟进，将 GIAHS 项目点作为旅游目的地进行推荐，并通过在机场、车站、轮渡口、公园等公共场所张贴海报，开设 GIAHS 产品展示区摆放宣传册、导游地图和产品广告。

韩国建立了面向公众科普的专业遗产解说员培训制度，并作为评估考核的一项标准。济州岛石墙农业系统实施了“百位大诗人石墙计划”，邀请百位诗人在石墙上镌刻诗歌，形成新的文化景观，同时大力传承石墙文化节等传统节日。

菲律宾稻作梯田的保护与管理[①]

1　被誉为世界第八奇迹的伊富高梯田

被誉为“世界第八大奇迹”的伊富高梯田，坐落在菲律宾北部伊富高省海拔 1 500 米左右的高山上，由巴纳维梯田、基安干梯田、洪都安梯田及梅奥瑶梯田组成，迄今已有 2 000 余年的历史，主要种植水稻。

2 000 多年以来，伊富高人肩扛手提，在海拔 1 500 米的高山上雕刻出颇具规模的高山梯田。由于山坡陡峭，最大的田块只有 0.25 公顷，最小的不到 4 平方米。梯田的外壁全部用石块筑成，最高约 4 米，最低不到 2 米，总长度达 1.9 万千米。

当地传统的农耕方式世代相传，不使用化肥农药，种植当地品种，采用原始灌溉方式。由于一直保留着原始而古老的梯田文化，1995 年被联合国教科文组织世界遗产委员会列入世界文化遗产名录，也因此成为亚太地区第一个被列入该名录的文化景观。2005 年被联合国粮农组织列为首批全球重要农业文化遗产（GIAHS）保护试点。由于梯田面积缩减及管理不善等原因，世界遗产委员会 2001 年 12 月将其列入世界濒危遗产名单。

2　保护中的困境

一是梯田粮食生产难以满足人口快速增长的需要。伊富高梯田水稻一年只收获一季，其粮食产量仅能保障当地人不足半年的粮食需求，其余则需要从外省调入。梯田农业经济水平较低，当地农民不能自给自足，必须依靠发展副业来满足生存需求。

二是由于城市化的影响和观念的改变，当地居民纷纷放弃原始梯田耕种方

① 本文作者为闵庆文、赵志军，原刊于《农民日报》2013 年 7 月 19 日第 4 版。

式，使得当地近1/3的梯田荒废。特别是年轻人大多不愿从事农业劳动，而是去城镇务工，致使需要投入大量人力共同维护的灌溉系统得不到修缮，逐渐毁坏并丧失功能。留在当地的人也多将梯田改种其他收入较高的经济类作物，如蔬菜、花卉、水果等。由于经济类作物一般都会使用化肥和农药，使当地生态环境受到破坏。

三是旅游业的发展带来了负面影响。伊富高梯田被列为世界文化遗产后，知名度的提高使之一跃成为菲律宾的著名旅游区，旅游业也成为当地最重要的收入来源。为发展旅游大兴土木破坏了原始风貌，当地人为制作木雕而无序砍伐树木造成水源涵养林破坏，因为没有协调好旅游业和种植业之间的利益关系而使留下的年轻人更多的是去从事旅游服务而不是去经营农田。

3 曾经的措施及教训

一是管理机构建而又撤。1995年，菲律宾前总统拉莫斯宣布建立“国际梯田委员会”，而后诞生了“巴纳维水稻梯田责任组”，专门管理伊富高梯田。但2002年2月阿罗约政府将上述两个机构取消，造成没有专门的政府机构负责梯田事务。

二是新技术“水土不服”。这里的土生稻种提那温稻虽然产量不高，但却已在2000年的培育进化中适应了当地的土壤和气候，可以在温度较低的环境下生长，而且抗病虫、耐贫瘠。为了提高水稻产量，国际水稻研究所特意引进了一种高产杂交稻种。由于需要使用大量的化肥和农药，使自然环境受到影响；新水稻芒短，在即将成熟的时期里容易受到鸟类的危害造成大幅度减产；收割、储存方式与原来的习惯不同，人们难以适应。

三是外来物种得不偿失。为了提高肥力引进了一种巨形蚯蚓带来了意想不到的灾难，因为这种蚯蚓没有天敌而大量繁殖，它们在地下肆意钻洞，破坏了原本稳定的梯田结构，造成水资源流失和梯堰垮塌。

4 新的探索

在被列为GIAHS试点后，当地管理部门和科研人员根据农业文化遗产的特点和当地保护与发展中的问题，进行了一些新的探索，产生了很好的效果。

一是发展旅游强调社区参与。GIAHS项目办公室与当地旅游委员会合作，共同起草了《旅游发展指南》，要求竞争必须建立在对社区双方互利的基础上，以确保当地旅游业稳步可持续的发展；联合对直接或间接参与到旅游业的人员进行培训，包括邀请当地著名的历史学家给三轮车夫们做培训，以使他们在服务游客的同时传播伊富高梯田的历史文化；确立社区农业生态旅游的发展方向，重视农业作为旅游业发展的基础作用。

二是特别强调传统知识的保护与传承。一批致力于水稻种植的农民共同成立了农业文化遗产学习中心，将他们的经验传授给年轻一代；GIAHS 项目办公室通过邀请专家、组织培训等对示范户给予支持。

印度的农业文化遗产保护[①]

印度是最悠久的文明古国之一，位于亚洲南部，属热带季风气候，其气候资源、土地资源和水资源均相当丰富，因而具有丰富的农业资源。印度的农业历史悠久，早期人民根据区域的自然地理条件，结合自身的劳动力水平，逐渐发展形成了不同的农业系统，并在这个过程中形成了特有的农业文化。

在印度悠久的农业发展历史中形成了丰富的农业文化遗产，截至目前（2013年8月），印度已有3个传统农业系统被评为全球重要农业文化遗产（GIAHS）保护试点，分别为藏红花农业系统、科拉普特传统农业系统和库塔纳德海平面下农耕文化系统。此外，位于印度北部以高寒荒漠为特征的“传统拉达克农业系统”、位于拉贾斯坦邦塔尔荒漠地区的“莱卡游牧系统”、位于锡金邦的“锡金喜马拉雅传统农业系统”、位于泰米尔纳德邦的“传统长筏渔业系统”和“Korangadu林牧管理系统”、位于卡纳塔克邦的“高止山脉西部Soppina Bettas系统”等被列为候选地。

2011年6月被列入GIAHS保护试点的藏红花农业系统位于印控克什米尔首府斯利纳加附近的Pampore地区，已有大约2 500年的历史，其本身所承载的艺术、文化、景观以及所运用的农业技术令人赞叹。该系统藏红花是世界上最昂贵和最珍贵的香料，具有医疗、美容、调味等作用。这一传统农业系统保障了当地1.7万多个农户的生计安全。

位于奥里萨邦的科拉普特农业系统于2012年1月被列入GIAHS保护试点，因其具有全球重要且丰富的农业生物多样性而闻名，生物资源丰富但经济贫困。该地区属于部落地区，70%以上的人口属于52个不同的部落。包括340种地方品种的稻谷，8种小黍，9种豆类，5种油籽，3种纤维植物和7种蔬菜。

位于喀拉拉邦州西海岸的库塔纳德海平面下农耕文化系统于2013年5月被

① 本文作者为闵庆文、刘伟玮，原刊于《农民日报》2013年8月23日第4版。

列入 GIAHS 保护试点。这是一个三角洲地区，回水区、河流、水稻田、沼泽、池塘、园地等各种类型的生态系统镶嵌分布，是印度唯一在海平面下种植水稻的地区，为区域提供了水文调节、环境净化、运输和生物多样性等多种服务功能。自 1830 年至今，当地人将沼泽开垦为适宜自身生存的土地，经营水稻种植、内陆渔业、牲畜养殖等农业生产活动。

印度政府在传统农业系统的保护方面做了大量努力。主要做法有：

第一，加强了农业文化遗产保护的政策扶持、制度建设和法律保障，成立了农业文化遗产委员会，从国家层面上负责农业文化遗产的保护，成立了国家藏红花委员会等某一类型农业文化遗产保护的专门机构。

第二，结合不同农业文化遗产的特征，制定了相关的动态保护规划与参与式的行动计划，通过申报全球重要农业文化遗产和召开各类研讨会等方式，提高国际、国家和地方各个层次对农业文化遗产保护的认知。

第三，与相关科研机构、高等学校合作，开展以遗产保护为目的的相关科学研究，调查、评估区域的农业生物多样性及其特征，收集、整理农业文化遗产的相关资料。

第四，探索农业文化遗产保护过程中的利益共享机制和农民激励机制，从而激励利益各方以及重要参与者——农民，能够更好地保护农业文化遗产，提高农民在现代技术使用、资源综合管理、有机农药使用、产品质量控制和认证、产品包装和生态标识等方面的能力。

第五，加强农业文化遗产地的农产品生产、加工、运输和销售的整个产业链建设，建立合作社，开拓市场。

南美洲的农业文化遗产保护[①]

截至目前（2013 年 8 月），在被联合国粮农组织列为全球重要农业文化遗产（GIAHS）保护试点的 25 个传统农业系统中，有两个在中南美洲，一个是智利的智鲁岛屿农业系统，另一个是秘鲁的安第斯高原农业系统，均于 2005 年被列为首批 GIAHS 保护试点。此外，该地区的巴西“亚马逊黑土地系统”、法属圭亚那“瓦亚纳林农轮作系统”、墨西哥“浮田复合农业系统”和“庭院农业系统”被 FAO 列为 GIAHS 候选点。

智鲁岛是世界马铃薯的起源中心，曾经有 2 500 多个马铃薯品种，现存的 200 多种。这些传统马铃薯品种对于当地的食物安全非常重要，也是改良全球范围马铃薯品种的基因库。当地居民已在智鲁岛居住了 7 000 多年，他们通过口口相传的古老方法，至今仍然采用传统的生产方式种植着本地马铃薯。智鲁岛还有一些本土大蒜、草莓和栌果品种，它们都是岛屿地区及其火山土壤的特有品种。燕麦、小麦和蔬菜是当地的生计作物。另外，智鲁岛是全球生态系统保护的 25 个优先地区之一，具有十分丰富的生物多样性。

秘鲁安第斯高原农业系统被认为是世界上最具多样性的生态环境之一，包括峡谷、草地和高寒草甸，具有丰富的生物多样性，该地区艾马拉人和盖丘亚族人世代驯化的作物品种多达 177 个，尤其重要的是众多的根茎类作物，其中马铃薯最为突出，当地主要有 7 个不同的马铃薯品种。另外一个大类是当地的谷物类，包括玉米和奎奴亚藜（*Quinua*）等。另外安第斯地区还出产很多豆类作物、胡萝卜等根茎类作物和当地特有的水果。安第斯还有一种特殊的驯养动物——阿尔帕卡驼羊，能够为当地居民提供羊毛。秘鲁安第斯高原农业系统最让人惊奇的特征是用于控制土地退化的梯田系统。从海拔 2 800 米到 4 500 米，可以发现三种主要的农业系统：玉米主要种植在低海拔地方（海拔 2 500~3 500 米），马铃薯

① 本文作者为闵庆文、白艳莹，原刊于《农民日报》2013 年 8 月 30 日第 4 版。

主要种植在中海拔地区（海拔 3 500~3 900 米），海拔 4 000 米以上的高海拔地区主要用作牧场，但也可以种植高海拔作物。在喀喀湖周围的高原上，农民们在其农田的周围挖掘沟渠将水引入沟渠，这些水白天时被太阳加热，当夜间温度下降时，这些水可产生热气用以预防马铃薯及当地其他作物（如奎奴亚藜）等遭受霜冻危害。这种完善的农业系统已有几个世纪的历史。

在联合国粮农组织的支持下，通过遗产所在地政府、社区、农民、科学技术人员等的共同努力，在农业文化遗产动态保护与适应性管理途径探索方面采取了一系列的措施，并取得了显著成果。

一是发挥政府在农业文化遗产保护中的主导作用。智利农业部结合 GIAHS 保护的目标制定相关政策，推动农村和当地土著居民在文化、经济等各方面的发展。成立了包括政府部门、企业、农民和旅游业等在内的代表组成专门指导委员会，并在中央政府和地方政府层面都起到很好的协调作用。

二是将农业文化遗产保护纳入生物多样性保护总体框架中。秘鲁将农业文化遗产项目与生物多样性保护项目相结合，对当地的农业生物多样性和相关生物多样性进行调查，并制定激励机制让农民积极参与到恢复、保护和利用当地的生物多样性活动中。

三是积极推动有机农业发展。秘鲁进行了奎奴亚藜等的有机认证，发展 GIAHS 农产品品牌和服务，增加产品的附加值，提高当地农民收入。智利也通过给遗产地产品打上标签，使它更具有地域特色，从而提高产品价格。

四是大力促进可持续旅游业发展。智利遗产所在地政府与旅游部门协商，联合设定了新的旅游路线，建立了乡村旅行社，大力发展当地旅游产品、旅游服务和文化事业，让文化成为当地发展的推动力，并鼓励农民和酒店以及经营者之间开展合作，以保证旅游业的可持续发展和公平贸易。

五是加强社区与农户能力建设。通过传统的集市和节庆活动，发行以当地特有农产品为内容的特色邮票，组织博览会等多种方式，普及生物多样性与农业文化遗产保护的重要性，提高地方政府、社区和其他利益相关者对农业文化遗产的认识。

非洲的农业文化遗产保护[①]

截至目前（2013 年 9 月），非洲共有全球重要农业文化遗产（GIAHS）保护试点 6 处，分布在 4 个国家。分别是：阿尔及利亚的埃尔韦德绿洲农业系统，突尼斯的加法萨绿洲农业系统，肯尼亚的马赛草原游牧系统，坦桑尼亚的马赛游牧系统和基哈巴农林复合系统，摩洛哥的阿特拉斯山绿洲农业系统。此外，被列为 GIAHS 候选地的还有几内亚的 Tapade 农耕系统、马达加斯加的马纳纳拉稻作梯田与农林复合系统、马里的萨赫勒地区洪泛区农业系统和南非的林波波高粱—珍珠粟农作系统。

阿尔及利亚的埃尔韦德绿洲农业系统于 2005 年被列为 GIAHS 保护试点。早在公元 15 世纪，当地农民一步步把沙地变成了美丽的绿洲。沙丘下的“地下河”和遮阴环境是绿洲农业发展的必要条件，为了满足作物和树木的需水，绿洲农民在沙丘中挖出深达 10~12 米的大坑种植枣椰树，枣椰树可生长至 30 米高，当地农民在枣椰树下种植果树、蔬菜、药材及矮树和灌木等，逐渐形成了一片多层结构的农业生态系统。

突尼斯的加法萨绿洲农业系统也是 2005 年被列为 GIAHS 保护试点，位于突尼斯最北部。在该系统中，需水量较大的作物被种植在最靠近水源的地方，往外依次是橄榄树、枣椰树和一些灌丛等抗旱植物。由高大的乔木、灌木、地面作物构成的垂直分层的空间结构也减少了土壤的裸露度，降低了土地退化及风蚀的风险。有效水资源的分布和农作物空间结构的耦合，有效的保证了农业生产，同时也丰富了系统的生物多样性。

2008 年非洲地区有 3 个传统农业系统被列为 GIAHS 保护试点。其中两个是分别位于肯尼亚卡贾多地区和坦桑尼亚北部恩戈罗地区的马赛草原游牧系统。马赛人是半游牧族群，为了保证人和牲畜的健康，他们更加关注景观资源的可持续

① 本文作者闵庆文、孙雪萍，原刊于《农民日报》2013 年 9 月 6 日第 4 版。

利用和水质的保护。由于变化莫测的环境，当地农民必须依靠传统的智慧做决定，以便在和外来者和野生动物分享自然资源的同时保护好自身文化。逐水草而居的游牧方式避免了过度放牧、土地退化和猎物的攻击。这种游牧系统可以提供肉、奶、毛、皮以及饲料和肥料，是具有可持续和恢复能力，且能够维持生计的农业文化遗产。

还有一个是位于非洲海拔最高的山脉——乞力马扎罗山脚下的坦桑尼亚基哈巴农林复合系统。该系统是一种典型的庭院农业，具有多层植被结构，自上而下依次分布着可以提供遮阴、药材、饲料、水果、薪柴的乔木，香蕉，咖啡灌木和蔬菜。该区拥有由沟塘和灌区所组成的综合灌溉系统，保证了常年用水充足。系统中，农作物种植与家庭养殖相结合，饲料与肥料的相互利用，形成了良性的有机循环和土壤肥力。

2011 年被列为 GIAHS 保护试点的摩洛哥的阿特拉斯山脉绿洲农业系统，是一个历史悠久的社会—生态—经济系统。农民在林下间作、套作谷物或蔬菜，充分利用每一片灌溉的土地；当地畜牧业和种植业紧密结合，仍然保持着半农半牧的传统；定期迁移、休耕及农牧轮作促进了土壤更新，防止了过度放牧。

随着社会经济的快速发展和自然条件的变化，传统的绿洲农业系统和游牧系统也面临着严重威胁。当地政府和民众在农业文化遗产保护和发展中主要采取了以下措施：

一是加强制度建设，强化水资源管理。通过与地方政府签署一些宪章或水资源的管理办法等措施，保障传统农业系统的可持续发展。

二是构建共同参与机制，提高不同阶层的保护意识。通过组织农户协会、开展水土资源管理培训、调动被边缘化的土著社区和脆弱群体（例如女性）的积极性等多种措施，鼓励基层人员参与农业文化遗产地的保护工作。

三是探索替代产业发展，增加农牧民收入。探索农产品加工的替代性方式，包括手工艺品和妇女编织品，以使之进入当地的旅游市场，通过多种渠道增加农民的收入；加强旅游业的可持续管理，通过旅游业的发展提升当地居民的节庆习俗、建筑技术、手工艺品和景观等文化遗产的价值。

四是加强科学研究，探寻农业文化遗产保护的科学路径。通过与大学和科研单位的合作，鼓励年轻人从事 GIAHS 的研究工作和实践探索；开展咨询和参与式研讨，编制保护与发展规划。

世界遗产监测评估进展及对农业文化遗产管理的启示[1]

监测评估是世界遗产管理的重要内容。进行科学、有效的遗产监测评估工作，可以促进遗产保护目标的实现，服务于遗产本体的保护及其价值的维护，实现遗产地的可持续发展。联合国教科文组织（UNESCO）高度重视遗产监测评估工作，在理论研究和实践探索两方面均取得了显著的成绩。中国也已逐步建立起世界遗产监测评估体系，并在实践中不断完善，有效地促进了世界遗产监测评估的制度化、标准化、规范化管理。

联合国粮农组织（FAO）于2002年发起了全球重要农业文化遗产（Globally Important Agricultural Heritage Systems，GIAHS）保护倡议，使农业文化遗产成为一种新的世界遗产类型而逐步得到认可和重视。中国作为最早响应并积极参与全球重要农业文化遗产保护的国家之一，不仅以11个遗产地而成为目前（2015年为11项，截至2019年3月为15项——作者注）数量最多的国家，而且在国家级农业文化遗产发掘与保护（即中国重要农业文化遗产，China-NIAHS）、政策与机制建立、科学研究与普及、遗产地发展等方面也走在了世界的前列。

1 国内外的世界遗产监测评估工作进展

（1）UNESCO的世界遗产监测评估

监测评估作为世界遗产管理的基础，经过30多年的发展，已经形成了反应性监测和定期报告两种形式。

早在1982年，世界遗产委员会就开始关注世界遗产的监测评估问题，其目的是了解缔约国保护管理世界遗产的行动状况和遗产保护状况。1983年，世界

---

① 本文作者为闵庆文、赵贵根、焦雯珺，原刊于《世界农业》2015年第11期97-100页，有删减并略去了参考文献。

遗产委员会委托国际古迹遗址理事会（ICOMOS）、国际自然保护联盟（IUCN）和国际文物保护与修复研究中心（ICCROM）等提交世界遗产保护状况报告。1984 年 IUCN 提交了第一份世界自然遗产保护状况报告，1988 年 ICOMOS 提交了第一份世界文化遗产保护状况报告。几年后，这些咨询机构改为每年向世界遗产委员会提交关于遭受威胁的遗产地的监测情况报告，并形成了反应性监测的雏形。

1994 年，在《实施〈保护世界文化与自然遗产公约〉的操作指南》中正式确立了反应性监测制度，标志着世界遗产的监测评估进入实质性发展阶段。所谓反应性监测，是指由秘书处、UNESCO 其他部门和专家咨询机构向世界遗产委员会递交的有关濒危世界遗产保护状况的具体报告。世界遗产委员会通过对报告的审阅，确定遗产遭受损害的程度，提出整改意见，提供技术合作和资金支持要求缔约国限期修复，然后由缔约国将整改情况反馈给委员会，委员会再次审议。倘若遗产修复结果未通过委员会审核，则可能被列入濒危遗产名录或从《世界遗产名录》中删除。

在 1994 年举行的世界遗产委员会会议上还提出了定期报告的监测形式，并最终于 1998 年举行的世界遗产委员会会议上通过了关于缔约国每 6 年提交一次定期报告的决议。定期报告旨在服务于 4 个目的：评估缔约国《世界遗产公约》的执行情况、评估《世界遗产名录》内遗产的突出的普遍价值是否得到持续的保护、提供世界遗产的更新信息、记录遗产所处环境的变化以及遗产的保护状况；就《世界遗产公约》实施及世界遗产保护事宜，为缔约国提供区域间合作以及信息分享、经验交流的一种机制。

2013 年，世界遗产委员会领导建立的保护状态信息系统（State of Conservation Information System，SOC）投入使用，为世界遗产的保护管理提供了一个统一的数据平台，标志着世界遗产监测评估进入成熟阶段。该系统综合了已有的所有数据库，并具有按照年份、遗产名称、缔约国、区域、威胁类别进行查询的多重搜索功能，以方便用户提取所需的确切数据和相关的统计数据和图表。该系统作为一种在线工具，可以帮助使用者对遗产威胁因素进行全面的分析。

（2）中国的世界遗产监测评估

中国自 1985 年加入《世界遗产公约》以来，在遗产申报、保护与管理方面取得了很大进展，监测评估工作有序进行。

2001 年，建成了全国第一个遗产监测中心——武夷山世界遗产监测中心，开展了环境质量（地表水、大气、噪声、污水）、景观资源、野生动物、植物资源、生态环境、水文、气象、社区、巡护、旅游、文化遗产等11个项目的常规监测和反应性监测工作。2002年，完成了1996年以前列入《世界遗产名录》的28处世界遗产的自查工作，以配合UNESCO该年开始对亚太地区世界遗产项目的定期监测评估，并完成了第一轮定期报告。2004年2月，国务院办公厅以（国办发〔2004〕18号）文件的形式，转发《文化部、建设部、文物局等部门关于加强中国世界文化遗产保护管理工作意见的通知》，要求“加强档案建设工作，尽快建立中国世界文化遗产管理动态信息系统和预警系统，加强对世界文化遗产保护情况的监测。”2006年前后，对三江并流、故宫、天坛、颐和园、丽江古城、布达拉宫6处世界遗产进行了反应性监测。2010年4月，在太原召开了亚太地区世界遗产定期监测评估研讨会，开始了2010—2012年亚太区世界遗产第二轮定期报告工作，并对2010年之前列入《世界遗产名录》的遗产地进行了监测评估。

2006年，出台了《世界文化遗产保护管理办法》和《中国世界文化遗产监测巡视管理办法》；2007年，出台了《世界文化遗产监测规程》。国家文物局分别于2007年和2010年在敦煌和北京召开了全国世界文化遗产监测工作会议；2008—2009年又把敦煌、莫高窟、周口店北京人遗址和苏州园林作为定期报告制度的试点，展开了遗产监测管理机构建设、条例规程制定等方面的研究，完成了各自的定期报告；2012年委托中国文化遗产研究院等单位编制了《中国世界文化遗产监测预警体系建设规划（2013—2020）》，并于2014年年底正式启用了中国世界文化遗产监测预警系统。2015年1月23日，中国世界文化遗产监测中心作为中国世界文化遗产监测、保护的国家研究中心和总平台，在中国文化遗产研究院正式成立并独立开展工作。

经过多年的理论研究和实践探索，中国的世界文化遗产监测评估工作取得了显著成绩，已经建立起世界文化遗产监测巡视体系，确定了国家、省、遗产地三级监测体系和国家、省两级巡视制度，建立了国家—遗产地两级监测预警信息系统，从而使世界遗产监测评估日趋制度化、规范化和科学化。

2 国内外的世界遗产监测评估研究进展

（1）国外研究进展

世界遗产中心对世界遗产的监测评估研究是在反应性监测和定期报告工作中

不断深化，研究内容包括监测评估的形式、开展时间与内容等方面。

反应性监测内容包括：监测期内遗产所面临的威胁及在保护工作中所取得的重大进步；世界遗产委员会对遗产保护状况做出决定后的工作开展情况；得以列入《世界遗产名录》的遗产的突出的普遍价值、完整性以及真实性受到威胁或破坏的相关信息。定期报告的主要内容包括：缔约国通过的为执行《世界遗产公约》的法律和行政条款及采取的其他行动，以及在这一领域获得的相关经验；在缔约国领土内每个世界遗产的保护状况。

在 *Web of Science* 上以主题“World Heritage”“Natural Heritage”或“Cultural Heritage”及“Monitoring”或“Evaluation”进行检索，可得到 1990—2014 年国际上关于世界遗产监测评估的研究文献共 567 篇。从研究内容来看，主要包括环境监测、资源开发利用监测、空气污染监测、挥发性有机物监测、杀虫剂含量监测以及监测技术与方法，以及管理有效性评估等方面。

（2）国内研究进展

中国关于世界遗产监测评估的研究是伴随着世界遗产监测评估工作实践进行的，早期主要是对世界遗产的反应性监测和定期评估的解释说明。后来随着对世界遗产的监测评估重要性认识的不断加深，相应的研究也不断增多。

据在中国知网（CNKI）上以“世界遗产”“世界自然遗产”“世界文化遗产”“监测”“评估”等主题词进行检索，可以发现文献的数量呈逐年增加趋势，其内容主要集中在遗产监测体系、监测指标体系、监测方法，以及环境系统监测、旅游影响监测等方面。

3　世界遗产监测评估对中国农业文化遗产管理的启示

农业文化遗产及其保护研究在动态保护途径、法律与政策保障研究和保护与发展实践探索等方面取得了很大进展，并呈现出多学科合作、理论研究与实践探索并重、保护与发展协调的特征。2013 年 FAO 发布的《全球重要农业文化遗产能登公报》建议“对 GIAHS 保护试点应当进行定期监测以保证该系统的可持续性”；2014 年 FAO“全球重要农业文化遗产保护与适应性管理”项目的评估报告中明确指出，建立“全球重要农业文化遗产的监测和评估机制应该是未来国家层面上需要努力研究的方向和工作的重点”。中国农业部在正式发布的《重要农业文化遗产管理办法》中明确提出了开展农业文化遗产监测评估的要求。一些研究者在生态服务功能价值、生态承载力、可持续性以及监测评估框架等方面进行了初步探索。从世界遗产监测评估及相关研究的进展，并结合农业文化遗产管理工作的要求，中国的农业文化遗产监测评估工作应当特别强调以下几个方面。

（1）逐步建立较为完善的监测评估体系

一是建立农业文化遗产监测网络。农业部负责国内农业文化遗产监测的制度设计，制定监测技术标准和规范，组织对全国范围内的农业文化遗产开展监测；省级农业行政主管部门负责组织、协调和监督本行政区域内农业文化遗产监测工作的开展情况，及时将监测报告、遗产保护中存在的问题上报给农业部；遗产地管理机构负责本遗产地的基本信息、遗产系统本身和遗产管理措施的日常监测，设置专职监测机构和人员，按规定向省级农业主管部门和农业部提交监测数据和监测报告。

二是建立监测巡视制度。农业部应当制定、出台并不断完善《重要农业文化遗产管理办法》，并在此基础上制定《重要农业文化遗产监测巡视管理办法》，利用专家委员会成立监测巡视小组，对遗产地进行定期和不定期的巡视检查，并根据检查评估结果提交反应性监测报告。

三是建立遗产地监测年度报告和定期评估制度。① 年度报告制度以年份为周期，由遗产所在地政府组织、对口管理部门负责、多部门协助填报，并设置了解当地农业文化遗产及其保护与发展基本情况的专职填报人，通过实地调查、部门咨询、农户调研等多种途径获取报告所需资料数据。② 定期评估制度以 5 年为一个评估周期，由专家委员会对保护与发展成效进行综合评估，向农业部提交评估报告，然后由农业部根据评估报告向遗产地管理部门提供评估结果并针对存在的问题提出改进建议等。

（2）加强农业文化遗产监测评估的科学研究

农业文化遗产监测评估的科学研究对农业文化遗产监测评估实践工作具有支撑促进作用，应该从科研机构建设和科学理论研究两个方面开展工作。

与世界遗产相比，国内外农业文化遗产科研机构仍然较少。国际上缺乏 ICMOS、IUCN、ICCROM 这样的机构，国内的研究亦局限在少数科研单位和高等学校。应当尽快建立农业部、中国科学院以及有关高校组成的联合研究机构，适当时候建立国家或地区水平上的农业文化遗产监测评估中心，作为农业文化遗产监测评估研究的组织者和领导者，编制相关规划，组织及实施重大项目，开展关键技术标准、规范、制度研究，以及国际合作和学术交流等。

同时，遗产监测评估的理论研究还需要不断探索与完善。农业文化遗产监测

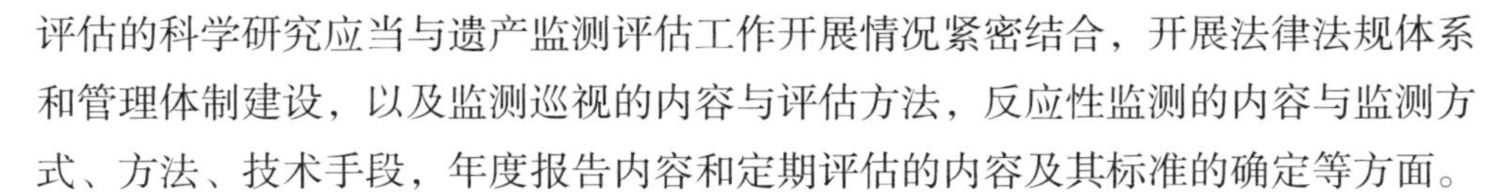

评估的科学研究应当与遗产监测评估工作开展情况紧密结合，开展法律法规体系和管理体制建设，以及监测巡视的内容与评估方法，反应性监测的内容与监测方式、方法、技术手段，年度报告内容和定期评估的内容及其标准的确定等方面。

（3）重视农业文化遗产监测人员的能力建设

农业文化遗产监测评估还处于起步探索阶段，农业文化遗产地遗产监测人员作为监测工作的执行者，其执行效果的好坏直接关系到农业文化遗产监测评估体系能否达到科学有效地保护农业文化遗产的目的，因此，加强农业文化遗产地遗产监测人员的能力建设尤为重要。

农业文化遗产监测评估能力建设应该从遗产地监测管理和遗产地监测实践两个层面进行。

在遗产地监测管理层面，应加强对农业文化遗产监测评估的概念、内涵、意义与作用的认知水平，使其认识到遗产监测评估在农业文化遗产保护管理中的重要作用。遗产地管理机构既要能够准确地执行来自农业部和省级农业主管部门关于农业文化遗产监测评估的方针、政策和决定，又要能够向上级遗产管理机构反映遗产监测实践中存在的问题，总结工作开展经验，并在农业文化遗产监测规程制定等方面发挥作用，从而确保农业文化遗产监测评估具有可操作性，能够起到促进农业文化遗产管理决策的科学化的作用。

在遗产地监测实践层面，应加强对遗产地专兼职监测人员的培训。遗产地专职监测人员的任务是获取全面、科学的监测评估原始数据，其工作开展情况的好坏直接关乎农业文化遗产监测评估的科学性。对遗产地专兼职监测人员的能力建设可以通过举办遗产监测培训班的方式来进行，培训内容既包含遗产专兼职监测人员在遗产监测评估中的角色与任务培训，也包括农业文化遗产监测规程中监测内容、监测方式、监测技术和监测数据的格式等。

基于国际经验的农业文化遗产监测和评估框架设计[①]

自 2002 年联合国粮农组织发起全球重要农业文化遗产（GIAHS）倡议以来，相关概念和保护理念得到了越来越多国家的认可。目前，已有 13 个国家 31 个传统农业系统被评选为全球重要农业文化遗产（截至 2019 年 3 月，共有 21 国家、57 个项目——作者注）。农业文化遗产被认为是可持续发展的典范，围绕其多功能评估、政策与机制、适应气候变化以及动态保护与可持续发展的研究取得了一系列进展。

随着城市化进程的不断推进，特别是发展中国家，农业文化遗产面临着诸多威胁。申报只是开始，如何有效地保护与可持续发展才是农业文化遗产的重点。一方面需要建立综合评估方法，全面认识农业文化遗产的价值，挖掘潜在遗产资源。另一方面，成为遗产之后，如何实时、定期获取遗产地现状和保护发展措施的影响与效果，则需要有效的监测体系。因此，建立农业文化遗产监测与评估系统，不仅力求解决现阶段的一系列问题，而且对于农业文化遗产长期保护、规划和管理具有深远意义。2013 年，在全球重要农业文化遗产国际论坛上发布的《能登公报》上明确提出建议对农业文化遗产开展定期监测以确保其活力。尽管目前农业文化遗产并没有“公约”强制要求统一标准的监测体系，但在 31 个全球重要农业文化遗产中东亚的中日韩三国就占了 18 个，三个国家的农业有一定的共性，又在实践上走在了世界前列，因此在各自研究的基础上形成可供相互参考监测评估体系具有重要的示范作用，成功经验也可推广到其他地区遗产管理工作中。此外，对监测数据和信息的统一，有助于减小遗产地实际管理工作中的工作难度，对遗产地情况能够及时反应及时调整，有助于提高工作效率。本文拟通过分析世界遗产、日本和韩国农业文化遗产的相关经验，构建我国农业文化遗产

① 本文作者为杨波、何露、闵庆文，原刊于《中国农业大学学报（社会科学版）》2014 年 31 卷 3 期 127-132 页。有删减，并略去了参考文献。

监测评估框架，为未来开展相关工作提供参考。

一、遗产管理工作中的监测与评估

监测与评估工作是众多科学研究与项目管理的基础工作和基本要求，尽管这两项工作经常相伴出现，但其内涵却存在一定的差异。监测通常指对某一项目进展过程中的信息进行系统的收集和分析，通过时序跟踪的方式提高项目的执行效率和效果。评估则是对项目影响的真实进展和预期效果进行对比分析，它既可以是过程性的分析，也可以是总结性的分析。

监测与评估工作涉及的范围较广，这里仅就遗产领域对其内涵进行讨论。不同学者对遗产监测的内涵有不同的解读，Wijesuriya 等认为监测是基于特定标准化属性数据的管理结果的连续过程，它涵盖并汇总了各类评估过程和结果，这种过程和结果可以影响到遗产的后续管理。Bonnette 认为监测是一个系统化的监督程序，被设计用来了解特殊且敏感的发展状况或是当这个状况处在一个特别的时刻下对状态准确的反馈。其目的是在原有目标、目的、程序或规则的指向下，密切关注遗产的演进状况或永久性的改变。同时，也是为了在察觉某些状况演进中发生偏差时，可以及时综合所有信息做适当的危机处理。李宋松认为遗产监测工作具有制度、技术和科研三方面内涵，涵盖了定性评估和定量评估两个层面，包括监督、监管规划的执行、遗产地自身管理中的问题，以及构建可量化的监测指标体系等多方面的工作。

无论对其内涵的解读视角存在何种差异，越来越多的遗产管理人员和研究人员认识到监测在遗产地价值反映与管理决策方面所具有的关键作用，它既是维护遗产安全的有效手段，也是各级管理机构相互协作共同保护的重要途径。对于多数文化遗产来说，很多灾难是不可逆的，动态监测是为了更便于观察，及时发现问题，因而监测具有预防性、长期性和系统性。

与监测不同，遗产评估工作通常是静态的，具有目的性的被动工作。评估的概念有广义与狭义之分，按照目的划分遗产评估主要包括了价值评估、风险评估、适应性评估、发展潜力评估、可持续性评估等几大类。一般来讲，评估是指对项目实施过程中或实施结果进行系统地、有目的地判定和评价，分析某一时期内项目的效果、效率、影响和持续性等。

二、监测评估的国际经验

（一）世界遗产的监测评估方法

联合国教科文组织的世界遗产一直是国际文化、自然遗产保护项目中的代表，其管理和实践经验相对成熟，对农业文化遗产的管理和保护工作具有指导意义。针对评估监测，主要有四点经验值得借鉴。

1. 政策法规明确保障

《世界遗产公约操作指南》明确将监测与评估工作列为管理事项，在《指南》第Ⅳ、第Ⅴ两章中分别制定了“对世界遗产保护状况的监测程序”和“执行公约的定期报告”两部分要求。我国为了解决遗产监测法律法规缺位、体制机制不健全的问题，国家文物局先后出台了《世界文化遗产保护管理办法》和《中国世界文化遗产监测巡视管理办法》，初步建立起我国文化遗产监测管理框架。

2. 监测方法规范

世界遗产的监测主要分为系统监测和反应性监测。系统监测的内容包括对保护规划执行情况、遗产保护、管理、展示、宣传等情况的全面监测，并且以报告的形式定期提交至世界遗产委员会。反应性监测对缔约国而言则是被动监测，由世界遗产中心、联合国教科文组织的其他机构（如物质文化遗产处）以及顾问成员进行，由他们根据从各方面了解到的线索进行考察和评估，就某些特定的世界遗产的保护状况向世界遗产委员会提出报告，再由委员会根据有关国际公约的条款作出相应的反应。我国对世界文化遗产实行国家、省、世界文化遗产地三级监测和国家、省两级巡视制度。同时制定了《世界文化遗产监测规程》（征求意见稿），对监测范围、术语、监测实施、监测结果与评价、监测报告的内容格式做了详细规定。

3. 信息系统共享经验

自 2012 年起联合国教科文组织着手建立世界遗产保护现状在线信息系统。该系统综合集成了 1979 年至今的各遗产地保护现状报告和影响因素，不但作为数据库存储信息，而且吸引全球对遗产保护有兴趣的人共享资源，分享智慧。

4. 监测报告审议方式促进区域合作

为了促进缔约国、各主管当局和地区专家服务机构开展地区合作，按地区对定期监测报告进行审议。遗产委员会根据事先制定的计划，每 6 年对一个地区的监测报告审议一次，并将审议结果向教科文组织大会报告。

（二）日本经验

日本作为发达国家，同时也是全球重要农业文化遗产数量第二多的国家，更倾向于利用农业文化遗产振兴农村，促进“第六产业”的发展。日本政府和东京大学、联合国大学合作的农业文化遗产综合评估研究项目从应对未来变化的能力即适应性入手，构建了日本农业文化遗产综合评估方法，并对日本现有的 5 个全球农业文化遗产和 5 个候选点开展了评估工作。其中生态适应性指系统和自然灾害动态变化的情况下，这些社会生态生产景观通过利用多种生态系统服务维持各项功能的能力。社会适应性指激励当地社区、政府、商业组织、非营利组织以及其他利益相关者共同参与保护当地资源的新方法。经济适应性指创造采用整体营销方法的全新商业模式，有效利用当地资源为农产品带来新的价值。这种标准化的评估方法还将用于日本农业文化遗产评选工作中，不仅有益于未来长期动态研究，相应的评价指标也为定期监测提供有力保障。

此外，日本的农业文化遗产监测工作中尝试参与式的方法，引导农业遗产地社区及其他对遗产感兴趣的民众参与到保护工作中。自 2009 年开始在能登半岛发起的“Maruyama-gum”的学习小组，通过组织城乡居民和当地研究人员一起参与生物多样性监测、自然观测和传统农业生活方式的研究，促进了当地生物多样性和生态系统的保护和社区复兴。

（三）韩国经验

韩国的农业文化遗产工作虽然起步较晚，但在申报、认定、保护、发展等方面推进速度很快，并取得了显著成效。韩国设定了评选标准，成立了评审委员会，负责评议申报材料和实地考察。在成为国家重要农业文化遗产之后，政府将监测一次或多次。同时遗产地每年要自行开展两次监测调查，由当地政府形成正式报告提交到国家管理机构，以便更好地保护和管理。报告应当包括预算情况、实地调研结果，修复和修缮工作以及管理工作情况。在遗产地保护规划中也明确提到监测各项调研活动。韩国还建立了农业文化遗产信息系统，运用综合实地调查、测绘地图、航片和卫星数据等获取的空间数据系统而有效地用于遗产发掘、调查、认定、监测和管理工作。目前已完成了 27 处农业文化遗产地的调查和数据入库。数据库的建立为农业文化遗产保护提供了基线信息，便于监测遗产的时空变化，有利于统一保护和管理。同时互联网地图的兴起，也使得公众参与监测成为可能。然而韩国对农业文化遗产的保护更注重静态的物理方面，数据库监测的对象更趋向于文物的性质，而没有真正意识到农业文化遗产是活态的复合系统，对其的监测也不应仅仅局限在农田或农业工程等本身，而应当充分考虑生态、经济、文化和社会等多个方面。

三、监测评估体系建设

（一）当前我国农业文化遗产监测与评估工作现状

与我国世界遗产存在的多头管理、交叉管理等问题不同，农业文化遗产保护工作始终在农业部及各级政府农业部门管理范围之内，这一管理机制保证了相关工作的顺利展开，工作效果、效率也得到充分保障。但由于农业文化遗产保护工作开始时间较晚，全国乃至全球范围内均处于探索阶段，因而其监测与评估工作相比于世界遗产存在一定的差距。

其中，监测工作严重滞后，监测能力有待提升，监测模式亟需建立。当前，农业文化遗产所在地区对监测工作的重视程度不足，投入的人员、经费、技术有限，严重制约了全面的监测工作的进行。监测成为申遗目标下的一项任务，工作缺乏主动性，监测工作从原本应当的日常监测变成了被动的应急性信息收集，这样很可能造成原本可以被消灭在萌芽状态的威胁被遗漏，同时也影响农业文化遗产研究工作的顺利进行。

农业文化遗产评估工作状况略好于监测工作，作为基础工作之一，遗产地现状和价值评估工作在各地申报全球重要农业文化遗产和国家重要农业文化遗产过程中都已经明确涉及。其中包括了针对农业文化遗产的单一功能的评价，如农业生物多样性、农业文化遗产地旅游资源潜力、农业文化遗产资源旅游开发的时空适宜性，和从生态系统的角度开展了基于生态足迹的可持续发展评价、生态系统服务功能价值评估，以及从景观多功能和农业多功能的角度进行综合评价。尽管如此，但评估工作仍存在标准不一、涵盖不全、体系不清等问题，需要对评估的体系进行系统协调和构建。

（二）监测与评估保障机制

监测与评估工作不是日常的繁琐记录，而应当是包括了监测制度的建立、管理组织的体系与机制、操作层面的技术准则和规则以及监测的约束机制等在内的一套管理体系。

1. 政策法规规范

把握我国当前在全球重要农业文化遗产领域的主动权，在履行《能登公报》中所涉及的责任和义务的同时，促进缔结更有约束力的“公约”。对当前我国重要农业文化遗产管理“办法”和“条例”进行补充修订，将监测与评估作为重要部分，为两项工作的展开提供充分的法律法规保障。并以此为基础，获得各级政府对农业文化遗产监测与评估工作的经费、人力的支持。

2. 监测巡视制度建设

针对当前监测工作滞后的现状，应设立由相关部门和专家学者共同组成的国家级监测巡视机构，参照世界遗产反应性监测的机制，对各遗产地进行定期或不定期的巡视考察，对其管理状况进行系统评估，及时发现问题和隐患、形成监测报告，发挥行政的监督作用。

3. 科研与技术支撑

科研上展开多学科、多部门合作，在研究工作过程中，在基本一致的标准体系下，对监测与评估的相关数据与信息进行采集、整理和测算，将科研工作与监测评估管理工作有机结合。在科技层面，当前可用于农业文化遗产管理的先进技术手段越来越多，遥感、地理信息系统、全球卫星定位系统、管理信息系统等均可用于农业文化遗产的监测评估工作中，为遗产地主管部门管理工作提供科学的依据。

4. 多方参与机制与人才培训

农业文化遗产的动态保护一直强调多方参与机制，在其监测和评估工作中，这一机制同样具有重要意义，特别是当地社区的参与。另外，应加强各类监测与评估人员的培训，通过搭建平台加强经验交流等。培训不仅仅是传输知识，更多的是意识和经验交流。加强各级监测人才培训，有助于相关人员的主动参与。各利益相关方的广泛参与有助于提高评估工作的可信度以及监测系统的长期可持续性。

（三）基于顶层和底层两端的监测评估框架

结合我国农业文化遗产监测与评估工作现状，应构建基于顶层设计与底层支持的监测评估框架。监测评估框架主要包括四个部分，即建设监测网络与巡视制度、基础数据库构建、评估体系构建和监测与评估协调。其中基础数据库建设为底层，评估体系构建为顶层，共同为监测与评估工作提供保障。

通过完善和健全监测网络制度和巡视制度，定期对遗产地的状况进行调查和记录，应用地理信息系统和管理信息系统技术对监测数据进行采集、加工和整理，通过两类信息系统构建监测数据库。以此为基础应用空间技术对遗产地时空演进特征进行分析，使其成为价值与功能评估的基础。当前国内农业文化遗产地评估工作所涉及的数据与资料收集管理过于分散，各地区兼容性、关联性不强，给多个遗产地间的统一管理和对照研究增加了难度。因而应对遗产监测与评估数据库建设提出统一的要求，针对不同类型和特征的遗产的监测重点、方式、数据形式等统一标准，统一管理。

框架顶层设计上以评估系统建设为主要目标，在保障农业文化遗产地可持续保护与发展的原则下，通过对评估范围、方法、形式等重新界定，同时构建适应性评估指标体系，从而对农业文化遗产点进行全面系统的特征分析、多功能分析和持续性分析，建立以多功能性为核心的评估体系，以要素评估为落脚点和保护发展的接口，形成监测评估与保护发展一体的综合体系。

在具体工作层面，监测与评估主要涉及以下几个方面：一是农业文化遗产的持续性、完整性与稀缺性监测与评估；二是自然环境与社会经济状况监测与评估；三是法规执行、规划落实与管理工作监测和评估。为保障监测与评估工作协调有序进行，需要引入多方参与和目标一致化机制，同时在工作常规化的基础上，丰富监测与评估的形式，使两者更好地结合。

中国全球重要农业文化遗产地的保护实践[①]

以 2005 年 6 月“浙江青田稻鱼共生系统”被列入联合国粮农组织（FAO）全球重要农业文化遗产（GIAHS）保护试点为标志，我国开始了系统性、活态性、动态性为主要特征的农业文化遗产的保护与发展探索，并经过多年实践逐步形成了以“政府推动、科技驱动、企业带动、社区主动、社会联动”的“五位一体”多方参与机制。农业文化遗产的挖掘、保护、传承、利用经验产生了良好的社会效益、生态效益和经济效益，也获得了国际社会的广泛赞誉，被认为是“世界农业文化遗产保护工作的‘领军者’”。这方面的例子很多，这里撷取几个典型案例。

1　政府重视：设立专门机构，共谋遗产保护

许多遗产地在登录 GIAHS 名录后，成立了专门的机构进行农业文化遗产的管理与保护。如浙江青田成立青田县稻鱼共生系统保护办公室、贵州从江成立农业遗产保护与发展办公室、内蒙敖汉成立敖汉旗农业遗产保护中心、浙江绍兴成立会稽山古香榧群保护管理局等。

如何在西南边疆的贫困山区保护传承与发展这片悠久灿烂的世界农耕文明，是云南省红河州决策者们长期以来探索的问题。早在 2007 年 8 月，为了世界文化遗产申报的需要，红河州就成立了哈尼梯田管理局（后改为世界遗产管理局）。随后，元阳、红河、绿春、金平等四县相继成立了梯田管理局（办公室），与州世界遗产管理局形成两级管理体制，共同对哈尼梯田集中分布区进行规划、管理与保护。

对遗产标识进行统一管理，是红河州世界遗产管理局的一项有创新性的工作。2016 年 4 月，在制定工作细则、自由申报、专家评选的基础上，确定了第

① 本文作者为李禾尧、闵庆文，原刊于《世界遗产》2018 年 1-2 期 132-135 页。

一批获得全球重要农业文化遗产、中国重要农业文化遗产、国家湿地公园标识使用权的企业，元阳县粮食购销有限公司、红河县嘎他养殖专业合作社等 13 家企业（合作社）获得了为期三年的遗产标识使用权。

2 科技驱动：夯实基础研究，助推成果转化

“联合研究中心是科技创新、文化传承、品牌建立的重要平台，更加有助于传统农业文化遗产的挖掘。”福建农林大学副校长黄一帆谈及福州茉莉花茶发展现状如是说。

福州茉莉花与茶文化系统 2014 年 4 月 29 日被列入全球重要农业文化遗产以来，福州市政府正式颁布《福州市茉莉花茶保护规定》，并制定了《福州茉莉花茶保护与发展专项规划》。2014 年 9 月 27 日，福州茉莉花茶科技与全球重要农业文化遗产联合研究中心在福州成立，福州市农业局与福建农林大学园艺学院签订合作协议，共推全球重要农业文化遗产的传承与发展。该中心在福州茉莉花和福州茉莉花茶文化遗产保护、传承与创新研究等方面开展大量研究，并逐步推广茉莉花茶研究成果，帮助企业提高效益。与此同时，福州市农业局与福建师范大学地理研究所合作开展福州茉莉花与茶文化系统保护与监测工作，构建了包括 6 个遗产地与 9 个监测点的监测体系，并设置了监测点标志牌。围绕农业文化遗产监测评估、福州茉莉花茶文化与经济、生态系统功能及综合提升技术等方向，福建师范大学研究团队已发表多篇学术论文。

浙江湖州、内蒙古敖汉、浙江青田等遗产地相继成立农业文化遗产院士专家工作站，聘任李文华院士等专家团队，增强遗产地基础科学研究水平与科研成果转化能力，助力遗产保护与发展。

3 企业带动：产品创意融合，茉莉香飘四海

农业文化遗产地有特色鲜明、品质优良、文化内涵丰富的农产品，其品牌打造和价值提升是农业文化遗产保护的重要内容。在切实保障农民利益的前提下，发挥龙头企业的带动作用，品牌化运营、企业化管理、市场化营销，将会有力地助推农业文化遗产的保护。在各遗产地已有很多成果的案例，福建春伦茶业集团有限公司就是其中的代表。

该公司董事长傅天龙、总经理傅天甫是“福州茉莉花茶传统工艺传承大师”。二人成长于茉莉花茶的发源地，在前辈的言传身教下，从小怀揣着传承做茶技

艺，做精每一泡茶的梦想，希望让更多人了解并热爱茉莉花茶。1985年，春伦公司正式成立。30余年来，在福建茶区建立10个茶叶生产基地，茶园面积4.2万亩，茉莉花园7 000亩（15亩=1公顷。全书同），生态旅游观光园800亩，茉莉花茶文创园40亩。先后荣获"农业产业化国家重点龙头企业""中国茉莉花茶传承品牌"企业等荣誉称号，并设有院士专家工作站。

保护和传承农业文化遗产，需要产业的展示和支持。春伦公司坚持"生态农业、科技农业、快乐农业"的整体建设，在保持传统茶叶生产稳步增长的同时，通过创意产业的植入，进一步精心打造都市观光农业游，创建茶文化创意园，建立茉莉花茶博物馆，把花园、茶园、独具特色的福州茉莉花茶生产工艺、茉莉花茶茶艺表演结合起来，使得人们能方便地接近和参观重要的遗产，充分展示出农业文化遗产的价值。通过开办"茉莉学堂"，传承弘扬福州茉莉花茶文化，让更多小朋友感受中华茶艺之美。

与此同时，春伦公司改变原先工厂与茶农单一的买卖关系，通过建立农村合作社、完善利益联结机制等方式，将茶农及花农组织起来，实行集约化生产。这种"公司+合作社+农户"的模式，为农民创造了大量新的就业岗位，有效增加了10多万农民的家庭收入，真正让"百姓富、生态美"的美好愿景成为现实。

4　社区主动：合作生态养鸭，共奔致富之路

农民是农业文化遗产的拥有者，也是农业文化遗产的保护者，理应成为农业文化遗产保护的受益者。目前，已经涌现出一批农业文化遗产保护的代表性农民，比如获得"亚太地区模范农民"的青田县归国华侨金岳品、多次在国际讲坛上介绍经验的青田农民伍丽贞等。红河县的郭武六则是农村青年的榜样。

从小生在梯田、长在梯田的郭武六，是云南省红河县嘎他村委会主任、生态养鸭协会会长。长期的劳动实践使他成为远近闻名的养殖能手，也让他从看似微不足道的鸭蛋里找到了商机，决心利用家乡独具的自然资源优势和哈尼梯田稻鸭共生传统模式创造财富，让家乡的红心鸭蛋走出大山、走向广阔的市场。在县政协和州世界遗产管理局的支持下，他带领红河县宝华乡嘎他村的村民们探索出一条种稻养鸭的致富路，提高了梯田产出率，增加了农民经济收入，留住了梯田的"根"和"魂"。

"虽然这里还属于贫困地区，但我们要充分利用这一得天独厚的优势，发

挥主观能动性，进行创新致富。”郭武六说。2012 年和 2015 年，他分别成立了“嘎他梯田养鸭协会”和“嘎他养鸭专业合作社”，采用分头喂养统一销售的模式，不仅积极带领本村民众走生态种养殖业致富之路，还带动周边村民及贫困残疾户共同致富。合作社每年组织 1~2 次农户种养殖培训活动，由郭武六和县畜牧局的专家负责授课。郭武六与合作社农户还约定了“四不准”（鸭子不准圈养、养鸭不准喂饲料、养鸭不准单独打药、鸭蛋不准用外地鸭蛋冒充）和“三统一”（统一价格、统一销售、统一包装）的合作社公约。随着养鸭专业合作社的发展，合作农户从 2015 年的 125 户增加到 2017 年的 205 户，养鸭规模也从 15 180 只增加到 22 000 只。

村子里有 4 亩梯田的建档立卡贫苦户吴绍发是这一模式的受益者之一。吴绍发说，家里现在养着 50 多只鸭子，平均每天有一半的鸭子可以下蛋。平时一只蛋 2 元，过年 2 块多。没有养鸭子之前，每年最多挣 5 000 元钱，现在已经有 10 000 多元的收入了。

5 社会联动：整合多方资源，电商助力发展

自 2012 年“内蒙古敖汉旱作农业系统”入选全球重要农业文化遗产保护试点以来，敖汉旗委、旗政府引入“互联网 +”产业发展新模式，率先启动“国家电子商务进农村”示范项目，不断拓宽销售渠道。敖汉小米线上销售网络已经覆盖“北上广深”一线城市及东北、华南、华中等二三线城市，品牌影响力也与日俱增。目前，全旗“农村电商”连锁加盟店已达 40 家，农产品电商产业呈现良好发展势头。

“村头树”是敖汉旗首批涉农网店之一。其创始人陈鑫垚毕业于北京师范大学，创业前已然是搜狐总部博客频道主编。2011 年，他在事业如日中天时毅然请辞，将目光聚焦在朝阳初上的涉农电子商务行业，这其中既有顺应时代展雄才的凌云壮志，也有造福家乡谋富裕的赤子之心。他和弟弟陈鑫利以自家土地作为生产基地，严把种植、收购、包装、发货各个生产环节，并在北京做品牌宣传推广，不到 3 年的时间，“村头树”杂粮店的收入从 10 万元攀升到 80 万元。销售绿色杂粮不仅为自身带来了巨大的收益，也帮助许多人在互联网大潮中找到脱贫致富之道。

敖汉旗兴隆洼镇生态小米种植农民专业合作社理事长刘海庆开创的“小米众筹”模式，在 2017 年召开的“第四届全球重要农业文化遗产（中国）工作交流

会”上引起众多领导专家的关注。作为敖汉旱作农业系统保护核心区兴隆洼镇的一名返乡创业大学生，2016 年刘海庆利用微信朋友圈“众筹”联系到 100 位敖汉小米购买者，以每人认购 2017 年敖汉新小米 10 斤的方式，筹集到发展基金 16 000 元。此举将无包装的敖汉小米单价提高至 16 元 / 斤（1 斤 =500 克），开创了敖汉旗“互联网 + 小米订单”产业发展新模式，为敖汉小米产业做大做强注入新动力。

保护农业文化遗产需要建立动态保护与多方参与机制①

相对于自然遗产、文化遗产、非物质文化遗产等而言，农业文化遗产对于很多人来说还比较陌生。农业文化遗产是一类“活态”遗产，但同时又是集历史文化、产业发展、生态保护、科学研究、休闲娱乐等多种价值于一体的农业生产系统，其保护、利用、传承涉及到多个学科和多个部门，应当建立多方参与机制。本期对话，主持人（《农民日报》高级记者郑惊鸿）邀请到的嘉宾是中国科学院地理科学与资源研究所研究员闵庆文，请他谈谈如何建立农业文化遗产保护的多方参与机制，以实现农业文化遗产保护的多赢。

主持人：正值我国正式发布第二批中国重要农业文化遗产和迎接第九个文化遗产日之际，请简单介绍下世界上和我国的农业文化遗产保护工作。

嘉宾：一个很有意思的巧合，2005年，联合国粮农组织（FAO）正式将我国浙江青田稻鱼共生系统列为第一个全球重要农业文化遗产保护试点，授牌仪式于6月11日举行，一年后迎来了我国第一个文化遗产日。所以，今年6月是我国的第九个文化遗产日，也是世界上第一个农业文化遗产地九周岁的生日。

2002年联合国粮农组织提出“全球重要农业文化遗产（GIAHS）”的概念和动态保护的理念。随后进行了“全球重要农业文化遗产保护与适应性管理”项目的准备工作。该项目的目标是“建立全球重要农业文化遗产及其有关的景观、生物多样性、知识和文化保护体系，并在世界范围内得到认可与保护，使之成为可持续管理的基础”。通过这个项目的实施，将努力促进地区和全球范围内对当地农民和少数民族关于自然和环境的传统知识和管理经验的更好认识，并运用这些知识和经验来应对当代发展所面临的挑战，特别是促进可持续农业的振兴和农村

① 本文作者为闵庆文、郑惊鸿，原刊于《农民日报》2014年6月18日第3版。

发展目标的实现。

目前，GIAHS 的概念和保护理念已经得到了国际社会和越来越多的国家的关注。粮农组织已经将其写入理事会会议报告等重要文件中。2014 年 FAO 章程及法律事务委员会第九十七届会议报告赋予了 GIAHS 在 FAO 组织框架内的正式地位，这标志着 GIAHS 将变成 FAO 的一项常规性工作。申请加入 GIAHS 项目的国家越来越多。FAO 认定的 GIAHS 项目点已经从 2005 年的 6 个扩大到 31 个，涉及国家数从 6 个扩大到 13 个（截至 2019 年 3 月，共 21 个国家 57 个项目——作者注）。

中国是最早响应并积极参与 GIAHS 倡议的国家之一，在 GIAHS 项目秘书处、FAO 北京代表处，有关地方政府的积极配合、相关学科专家和遗产地人民的积极参与下，农业部国际合作司和中国科学院地理科学与资源研究所积极参与了项目准备、申请与实施工作。特别是 2009 年项目正式执行以来，在保护途径探索与试点经验推广、GIAHS 的遴选与推荐、中国重要农业文化遗产发掘、管理机制建设、科学研究与科学普及、公众宣传与能力建设、国际合作等方面开展了系统工作，顺利完成了项目设定的各项目标，取得了极好的成效，使我国农业文化遗产及其保护走在世界前列。

一个最为突出的方面就是中国重要农业文化遗产的发掘与保护工作，使中国成为世界上第一个开展国家级农业文化遗产评选与保护的国家。参考 FAO 关于 GIAHS 的遴选标准，并结合中国的实际情况，制定了中国重要农业文化遗产的遴选标准、申报程序、评选办法等文件，由农业部农产品加工局（乡镇企业局）具体负责，于 2012 年正式开展。第一批 19 个中国重要农业文化遗产于 2013 年 5 月正式发布，第二批 20 个于今年（2014 年）6 月 12 日正式发布。

主持人：农业文化遗产和一般意义上的自然与文化遗产相比，有什么特点，农业文化遗产的保护又有什么不同的要求？

嘉宾：按照粮农组织的定义，全球重要农业文化遗产是“农村与其所处环境长期协同进化和动态适应下所形成的独特的土地利用系统和农业景观，这种系统与景观具有丰富的生物多样性，而且可以满足当地社会经济与文化发展的需要，有利于促进区域可持续发展”。从这个表述出发，我们不难看出农业文化遗产的基本特点：

一是活态性。农业文化遗产是有人参与、至今仍在使用、具有较强的生产与生态功能的农业生产系统，系统的直接生产产品和间接生态与文化服务依然是农民生计保障和乡村和谐发展的重要基础。

二是动态性。指随着社会经济发展与技术进步，以及满足人类不断增长的生存与发展需要，所表现出的系统稳定基础上的结构与功能的调整。

三是适应性。指随着自然条件的变化所表现出的系统稳定基础上的协同进化，充分体现出人与自然和谐的生存智慧。

四是复合性。这类遗产不仅包括一般意义上的传统农业知识和技术，还包括那些历史悠久、结构合理的传统农业景观，以及独特的农业生物资源与丰富的生物多样性，体现了自然遗产、文化遗产、文化景观、非物质文化遗产的复合特点。

五是战略性。农业文化遗产对于应对全球化和全球变化带来的影响，保护生物多样性，保障生态安全与粮食安全，有效缓解贫困，促进农业可持续发展和农村生态文明建设具有重要的战略意义。

六是多功能性。这类遗产具有多样化的农产品和巨大的生态与文化价值，充分体现出食品保障、原料供给、就业增收、生态保护、观光休闲、文化传承、科学研究等多种功能。

七是可持续性。主要体现在这些农业文化遗产对于极端自然条件的适应、居民生计安全的维持和社区和谐发展的促进作用。

八是濒危性。指由于政策与技术原因和社会经济发展阶段性特征所造成的系统不可逆变化，表现为农业生物多样性的减少和丧失、传统农业技术和知识体系的消失、农业生态系统的破坏。

主持人：的确，活态性、动态性是农业文化遗产的突出特点，对于这样一类遗产的保护亟需建立一种新的保护模式。在过去近10年时间里我国就此已经进行了一些有益的探索，特别是在执行联合国粮农组织的全球重要农业文化遗产项目时，明确了动态保护的理念，请详细介绍一下。

嘉宾：很有意思，今年文化遗产日的主题是“让文化遗产活起来”。农业文化遗产本身就是一个“活态”遗产，是农业部门推动的一项重要工作，不应当看作一般意义上的文物，因此，“活起来”也是农业文化遗产存在的先决条件。

农业文化遗产保护的是一个复合系统，包括传统物种与生物多样性、传统农业生产技术与生物资源利用技术、生态环境保护与水土资源管理技术、农业生态与文化景观以及民族文化。因而，对于农业文化遗产不能像保护城市建筑遗产那样将其进行封闭保护，否则只能造成更严重的破坏和遗产保护地的持续贫穷，应当采取动态保护的思路，让农民在继续采用传统农业生产方式的基础上从中受益，在保护生态系统服务的前提下有所发展。

根据农业文化遗产的特点和保护与发展要求，我认为，农业文化遗产保护与发展应当遵循这样的原则，就是“保护优先、适度利用，整体保护、协调发展，动态保护、适应管理，活态保护、功能拓展，现地保护、示范推广”。这里，想着重谈一下动态保护问题。

“变”与“不变”是农业文化遗产保护需要关注的重要方面。“变”是绝对的，“不变”是相对的，关键是什么可以变、什么不可以变，或者说变的“度”如何把握。所谓动态保护，主要就是说保护中不应是“原汁原味”或者“一成不变”的保护，而是应当根据实际情况进行适当的调整，但农业生态系统的基本结构与功能、重要的物种资源、农业景观、水土资源管理技术等不应发生改变，与之相关的民族文化与传统知识也不应发生大的改变。

例如，青田稻鱼共生系统是一个典型的农业文化遗产，随着管理技术的进步，在水稻栽培与管理、鱼苗投放的数量、稻田水肥管理等方面与以前相比有了很大的变化，水稻、鱼的产量有了很大提高，随着市场经济的发展，生产的标准化水平和商品化水平也有提高，但稻鱼共生系统的核心内涵并没有改变；鱼灯舞表演形式、田鱼干加工方式也有了变化，从自娱自乐到旅游服务，从自身消费到进入市场，但这种变化并没有改变其内在的本质。通过这种改变，拓展了农业的功能，实现了传统农业系统的多种价值，提高了农民收入，从而促进了农业文化遗产的可持续发展。

主持人：前面提到，农业文化遗产保护涉及多个学科、多个部门，有各种利益主体，如何才能建立一种行之有效的多方参与机制，各利益主体又扮演着怎样的角色？

嘉宾：经过几年的实践探索和理论提升，初步建立了我国农业文化遗产管理机制，即“政府主管、科学论证、分级管理、多方参与、惠益共享”。其中，“多方参与”是农业文化遗产管理机制中的重要内容，也是农业文化遗产保护能否成功的重要前提。

多方参与机制，可以这样理解：政府推动，科技驱动，企业带动，社区主动，社会联动。

在目前情况下，政府发挥着主导作用，其主要任务是制定相关保障性政策，实施规范化管理，组织规划编制和实施，负责资金筹措等。其中最为重要的是要将农业文化遗产保护与利用纳入地方发展的总体布局中，融合到生态文明建设、美丽乡村建设、生态环境保护、文化产业发展等发展战略中。还应当注意到，农业文化遗产保护与利用涉及农、林、牧、水、环保、文化、旅游、科技、教育等部门，需要政府的统一协调。

科技在农业文化遗产保护与发展中发挥着重要作用，需要来自农业生态、农业历史、农业文化、农业经济、农村发展等领域的专家的广泛参与，发掘、评估农业文化遗产的价值，分析农业文化遗产系统可持续发展机制，协助编制科学性与可操作性相协调的保护与发展规划，进行传统知识与经验的理论提升并科学吸收现代农业技术，开展科学普及工作等。

社区包括农民是农业文化遗产的主人，是农业文化遗产保护的直接参与者，是文化传承的主体、农业生产的主体、市场经营的主体，也应当是保护成果的最主要受益者。他们应当是具有保护理念和传统知识、掌握现代管理技术与农业生产技术的新型农民。

企业在农业文化遗产保护与发展中具有重要作用，因为企业的参与将会极大地提高产品开发、市场开拓、资金投入、产业管理等方面的水平。

社会公众意识的提高及积极参与，将会为农业文化遗产保护营造良好的社会氛围。我国和国际上的经验表明，媒体宣传、非政府组织的参与都产生了重要的助推作用。还需要指出的是，城市居民也很重要，比如日本在农业文化遗产保护中实行的认养制度、志愿者制度等，都产生了很好的效果。

保护农业文化遗产推动农业可持续发展[1]

——就全球首套重要农业文化遗产地读物出版，农业部中国重要农业文化遗产专家委员会副主任委员兼秘书长闵庆文答记者问

全球首套重要农业文化遗产地读物《中国重要农业文化遗产系列读本》（第一辑）日前正式出版发行，得到了社会各界人士好评。这套丛书是由农业部农产品加工局支持，中国农业出版社策划，闵庆文、邵建成任总主编，丛书的出版是对中国重要农业文化遗产的生动展示和推介，也是农业文化遗产保护宣传的一次有益尝试。为了让读者更好地了解这套丛书出版背景，《农民日报》高级记者郑惊鸿采访了丛书主编、农业部中国重要农业文化遗产专家委员会副主任委员兼秘书长、中国科学院地理科学与资源研究所研究员闵庆文。

问：编写丛书有什么背景？

答：“农耕文化是中华文化的重要组成部分”，重要农业文化遗产发掘与保护迎来了前所未有的发展机遇期。

在今年（2015 年）11 月 17 日，“第三批中国重要农业文化遗产发布活动”在江苏泰兴举行。10 月 11—13 日，“联合国粮农组织 / 全球环境基金—全球重要农业文化遗产（GIAHS）项目中国试点总结暨‘青田稻鱼共生系统’授牌 10 周年纪念系列活动”在浙江青田举行。8 月 28 日，农业部发布了《重要农业文化遗产管理办法》。而在 7 月 30 日，国务院办公厅发布的《关于加快转变农业发展方式的意见》指出，“保持传统乡村风貌，传承农耕文化，加强重要农业文化遗产发掘和保护，扶持建设一批具有历史、地域、民族特点的特色景观旅游村镇。提升休闲农业与乡村旅游示范创建水平，加大美丽乡村推介力度。”可能有

① 本文作者闵庆文、郑惊鸿，原刊于《农民日报》2015 年 11 月 24 日第 4 版。

的读者注意到了，它们都有一个共同的主题词，那就是“重要农业文化遗产”。

什么是重要农业文化遗产？按照农业部《重要农业文化遗产管理办法》中的说明，重要农业文化遗产“是指我国人民在与所处环境长期协同发展中世代传承并具有丰富的农业生物多样性、完善的传统知识与技术体系、独特的生态与文化景观的农业生产系统，包括由联合国粮农组织认定的全球重要农业文化遗产和由农业部认定的中国重要农业文化遗产。”

近年来，重要农业文化遗产发掘与保护发展很快。从国际上看，在中国政府等的强力推动下，今年（2015 年）6 月召开的联合国粮农组织第 39 届大会将全球重要农业文化遗产列为粮农组织的一项重要工作。从国内看，2012 年农业部正式启动了中国重要农业文化遗产发掘与保护工作，并先后于 2013 年、2014 年和 2015 年分三批发布了 62 项中国重要农业文化遗产，覆盖 25 个省、市、自治区，涵盖了几乎全部的传统农业类型。

更为重要的是，中央领导高度重视重要农业文化遗产的发掘与保护工作。早在 2005 年 6 月，时任浙江省委书记的习近平就针对青田稻鱼共生系统入选全球重要农业文化遗产保护试点作出批示，要求“关注此唯一入选世界农业遗产项目，勿使其失传。”2013 年在中央农村经济工作会议上又指出，“农耕文化是我国农业的宝贵财富，是中华文化的重要组成部分，不仅不能丢，而且要不断发扬光大。”可以说，我们迎来了重要农业文化遗产发掘与保护的春天，这也正是编写这套丛书的大背景。

问：编写丛书有什么目的？

答：中国的重要农业文化遗产发掘与保护工作取得了显著成效，在推动农业国际合作和农业可持续发展、促进农民就业增收方面发挥了重要作用，但仍面临着投入不足、社会认可度不高等问题，需要进一步加强科普宣传等工作。

农业文化遗产可以说是一种新的遗产类型。全球重要农业文化遗产（GI-AHS）的概念和保护理念是联合国粮农组织于 2002 年提出的，2005 年在 6 个国家遴选出了 5 个不同类型的传统农业系统作为首批保护试点，其中包括中国浙江的“青田稻鱼共生系统”。经过 10 多年发展，特别是在全球环境基金（GEF）的支持下，于 2009—2014 年实施的“全球重要农业文化遗产动态保护与适应性管理”项目实现了预期目标，在促进农业生物多样性和农业生态环境保护、传统农业文化与知识体系的保护与传承、遗产地农业与农村可持续发展和贫困问题缓解等方面取得了显著成效。截至目前（2015 年 11 月），已经有 14 个国家的 32 个项目被列为GIAHS名录，其中中国11项，位列世界各国之首。

发掘与保护中国重要农业文化遗产是中国执行GIAHS项目时所确定的基本目标之一，这不仅使我国成为世界上第一个开展国家级农业文化遗产发掘与保护的国家，而且还通过试点示范，使人们开始对重要农业文化遗产有了新的认识。正如农业部党组成员杨绍品所指出的那样，中国重要农业文化遗产的发掘与保护，是传承中华文化的重要内容、填补我国遗产保护领域空白的有力举措、推动我国农业可持续发展的基本要求和促进农民就业增收的有效途径。

尽管我国重要农业文化遗产保护工作取得了国内外瞩目的成就，成为全球农业文化遗产保护的样板，但客观而言，其影响力还远没有达到自然遗产、文化遗产、非物质文化遗产甚至传统村落等的影响力，这不仅表现在各地政府的重视和保护的投入不足上，还表现在公众对它的了解还很缺乏上。编写出版《中国重要农业文化遗产系列读本》，就是想通过一批鲜活的案例，告诉人们重要农业文化遗产的价值和保护的重要性与紧迫性，进一步提升遗产地人民的文化自觉性与自豪感，提高全社会保护农业文化遗产的意识，让更多的人关注和参与到农业文化遗产的保护中来，这既是深入贯彻中央政府有关决策部署的有力探索，也是落实习近平总书记指示的具体行动。

问：这套丛书有什么特点？

答：这套丛书是社会各界了解农业文化遗产价值的宣传手册，也是遗产地干部群众保护与发展的工作手册，更是八方旅游爱好者的导游手册。

《中国重要农业文化遗产系列读本》是我国也是世界上首套系统介绍各重要农业文化遗产地历史文化、生态环境、知识技术、风土人情、保护发展的读物，编写伊始就力求使之成为一套全面反映中国重要农业文化遗产的基础资料、社会各界了解农业文化遗产价值的宣传资料、遗产地干部群众实施保护与发展的工作手册、农业文化遗产地旅游者行前必备的导游手册，并因此确定了资料翔实、内容全面、语言生动、图文并茂的编写风格。参加编写人员，既包括来自高校或科研单位参与农业文化遗产申报及保护与发展规划编写的专业人员，也包括来自遗产地的基层管理人员和技术人员，从而保证了这套书的科学性、实用性与可读性。

第一辑共11册，重点推出了已列入联合国粮农组织全球重要农业文化遗产名录的11个传统农业系统，即浙江青田稻鱼共生系统、云南红河哈尼稻作梯田系统、江西万年稻作文化系统、贵州从江侗乡稻鱼鸭系统、云南普洱古茶园与茶文化系统、内蒙古敖汉旱作农业系统、浙江绍兴会稽山古香榧群、河北宣化城市传统葡萄园、福建福州茉莉花与茶文化系统、江苏兴化垛田传统农业系统、陕西佳县古枣园。一个遗产地一册，系统阐述了遗产的起源与演变、生态与文化特征、多种功能价值、保护与利用现状、可持续管理对策等内容，并附上了遗产保护大事记、全球重要农业文化遗产和中国重要农业文化遗产名录以及旅游资讯、特色餐饮等，希望能为各界人士了解农业文化遗产并参与保护和发展工作提供参考。

重要农业文化遗产是劳动人民长期生存智慧的结晶，蕴含着丰富的社会、经济、文化、生态等价值，保护、传承、发展好重要农业文化遗产，对于现在以及未来农业的可持续发展意义重大，让我们每一个人都行动起来，为保护、利用、传承好先祖为我们留下的宝贵遗产贡献一份力量。

后 记

做好最后的编排工作后，想想还是有几句话要说。记录于此，权当后记。

联合国粮农组织的“全球重要农业文化遗产（GIAHS）”经历了从概念开发（2002—2005年）到项目准备（2005—2008年）、再到项目实施（2009—2014年），完成了从项目到计划（2014—2015年）的成功转变，目前已步入稳定发展阶段，美、澳等国已不再坚决反对、越来越多的国家积极申报就是最好的证明。

“中国是GIAHS倡议的最早响应者、积极参与者、成功实践者、重要推动者、主要贡献者”的评述较为客观：成功推荐首批试点并第一个正式授牌（2005）；第一个成功举办项目启动活动（2009）；第一个成功承办“GIAHS国际论坛”（2011）；成功推动将GIAHS写入《亚太经合组织（APEC）粮食安全部长会议宣言》（2014）和《二十国集团（G20）农业部长会议宣言》（2016）；第一个举办“GIAHS高级别培训班”（2014年起每年一届），第一个开始国家级农业文化遗产发掘工作（2012年开展中国重要农业文化遗产发掘与保护工作，已分四批发布91个项目）；第一个颁布管理办法（2015年颁布《重要农业文化遗产管理办法》）；第一个开展GIAHS监测评估（2015）；第一个开展全国性农业文化遗产普查（2016年作为写入中央“一号文件”的工作并于当年发布408项具有潜在保护价值的农业文化遗产）；第一个获得“全球重要农业文化遗产特别贡献奖”（闵庆文于2013年获奖）；第一个因农业文化遗产保护而获得“亚太地区模范农民”（金岳品于2014年获奖）；李文华院士首任GIAHS项目指导委员会（ST）主席（2011）；闵庆文研究员首任GIAHS科学咨询小组（SAG）主席（2016）；等等。此外，我们还是拥有GIAHS数量最多的国家（15项）、进行农业文化遗产主题展示次数最多的国家（2010年“首届农民艺术节”期间设置了“农业文化遗产主题展”，回良玉副总理、韩长赋部长等观展；2012年“中华农耕文化展”设置了“全球重要农业文化遗产成果展”，乌云其木格副委员长、张梅颖副主席、韩长赋部长等观展；2014年“第十二届中国国际农产品交易会”设置

“全球重要农业文化遗产展厅”，韩长赋部长观展；2017年“第十五届中国国际农产品交易会”设置“全球重要农业文化遗产展厅”，汪洋副总理、韩长赋部长观展；2018年11月23日至2019年3月16日成功举办“中国重要农业文化遗产主题展”，韩长赋部长、余欣荣副部长、屈冬玉副部长以及一批外国驻华使节、部分全国政协委员观展；出版专著与发表学术论文最多；东亚地区农业文化遗产研究会（ERAHS）的发起者……

成就之下并非没有问题。例如：科学研究有待深入，特别是多学科综合性研究还不能满足农业文化遗产保护与发展的现实需求；与日本等国家相比，遗产保护机制与机构不够完善；与韩国等国家相比，遗产保护与发展的投入明显不足；品牌影响力和领导重视程度远低于自然遗产、文化遗产、非物质文化遗产、地质公园甚至是传统村落、森林公园等；多数遗产地居民因为收益偏低保护积极性不高……

造成上述问题的原因是多方面的，其中一个重要方面是许多人对农业文化遗产的概念、重要价值与动态保护的理念、保护与发展途径认识不清。在我参加的很多次论坛、报告会、咨询会、研讨会等以及与诸多地方领导的交流中，最多的反映是“农业文化遗产，没有听说过啊？”我也曾多次自嘲，由于基层主管领导和分管领导变化较快，“这些年做得最多的是反复向基层领导们进行农业文化遗产科普”。

“不仅要做好科研工作，还要做好咨询服务；不仅要做好学术研究，还要做好科普宣传”，是我们过去十多年来工作的基本思路。为此，曾于2013年在《农民日报》开设“农业文化遗产”专栏，2018年在《农民日报》多次开设“农业文化遗产”专版，多次在组织《世界遗产》组织专辑，在《中国国家地理》《中华遗产》《世界环境》《生命世界》等组织专题或封面文章，在“China Daily”《光明日报》《科技日报》《中国科学报》《中国文物报》等组织专版文章，与中央电视台农业频道《科技苑》栏目联合拍摄大型专题片《农业遗产的启示》等。

偶尔翻翻在报刊上所发的这些科普性短文，发现尽管由于阶段性认识的局限存在一些问题，但总体而言对于快速、系统了解农业文化遗产的概念与内涵、保护与发展的理念与指导保护与发展实践还是有所帮助的。以《农业文化遗产知识读本与实操指导系列》形式分3册汇编的这101篇短文，着重阐述了三个问题：什么是农业文化遗产？为什么保护农业文化遗产？如何保护农业文化遗产？

全套书正文部分为作者单独或合作（合作文章均列出了作者名单）的文章

101篇，绝大多数已在有关报刊发表。此外，还以“延伸阅读”的形式，在相应部分附上了韩长赋、杨绍品、李文华、赵立军、叶群力与徐向春、伍丽贞、郑惊鸿与徐峰等的文章，相关节日的背景与年度主题，以及两次GIAHS国际论坛所发“宣言”，在第一册后附上，截至2019年3月的全球重要农业文化遗产名录、中国重要农业文化遗产名录和2016年全国农业文化遗产普查所分布的具有保护价值的潜在农业文化遗产名录。征得李文华院士同意，“拥抱农业文化遗产保护的春天”一文作为系列丛书序言。

需要说明的是，因为年度时间跨度大（2006—2019）、农业文化遗产工作发展快等多种原因，有些文章可能有些过时、重复，甚至有前后表述不一致的地方，除部分作了简单标注并对明显错误进行修改外多数还是以原貌形式展现。“保持原貌”既是为了记录农业文化遗产的发展历程，也是为了让读者能够了解我对农业文化遗产及其保护这一科学问题认识的变化过程。

借此机会，真诚感谢我的导师李文华院士对我的引导和指导，是他老人家将我引入了这个“冷门但意义重大的领域”并持续给予强力支持；真诚感谢我的家人对我的理解和支持，是他们的理解和支持才使我有不断前行的动力；真诚感谢过去十多年来和我一起跋山涉水深入遗产地、饱受煎熬难以出成绩但依然无怨无悔陪我坚守的团队成员和学生们，特别感谢长期给予强力支持的联合国粮农组织、农业农村部和中科院地理资源所领导，有关高校和科研单位的前辈和同人，各遗产地领导和农民朋友、新闻媒体和有关企业的朋友，以及其他所有热心于农业文化遗产保护事业的师友。特别感谢农业农村部对本套书出版的资助。今年是农历己亥猪年，猪也是农业文化中一种吉祥和富裕的象征，在此祝愿所有关心、支持和帮助我的人，祝愿所有“农业文化遗产守护者”，猪年大吉、诸事顺利！

2019年4月2日